踏花行 花友SHOW系列

观叶植物

张盛禹　编著

农村读物出版社
中国农业出版社

前言

千姿百态的植物，是大自然的精灵；而姹紫嫣红的花卉，更是大自然的美丽天使。植物从泥土中萌芽、生长、展叶、开花这一自然生态是最优美动人的。

美是一种珍贵的宝物。美不仅使人们的眼明，而且使人们的心灵受到清新感情的熏陶，还能使人的神经得到安定。而欣赏花草，则能使人愉快，是欣赏到美好事物的一种愉快。

花的美丽不夹杂任何利己的目的，她和人类不同，不是人工化妆出来的美，因此更动人心弦。自然的美，能使人联想宇宙之宏大，告诉人们天地之无限广阔。

花草是有生命的。尽管人们通常认为鲜花的生命最短暂，然而她带给人们的益处却是永恒的。花儿是极力歌颂其短暂的生命的，因为她们没有任何私念，只是一心要开出美丽的花朵。这就是她们的生活。一旦怒放之后，即使衰败、枯萎，她们也会感到心满意足。因此，谁要是只见花之艳美，而不知花的高尚精神，他就应当在花前感到羞愧。

前　言

花草是有语言的。那是一种无声的、必须用心灵与之交流的语言。当你置身于你付出心灵与之沟通的花的世界，不管这个世界是大是小，你都能感受到这个世界反馈与你的是那么的温馨、惬意。因为，你为这个世界倾注了你的爱。

这里，我们荟萃的是大自然中万千植物的一个缩影，可成为我们生活中追求美好享受的忠实朋友。给她们一点时间、一点阳光、一点关爱，她们就会给你的生活增添无穷乐趣和美的享受。

你在这里所看到的每一帧引人入胜的画面，均由踏花行花卉论坛的花友提供，为此，我们要特别表示衷心的感谢。

由于水平有限，加之编撰时间仓促，书中难免有许多问题和不足，切望读者批评指正。

目录

本书摄影

sisszh669　盛如夏花　沧海云帆　悠然花间行　浮羽
静静小树林　橡橡和皮皮　悠然　樵岚秋嫁　cc_菜菜
icecooky　花洒　素心　墨西哥落羽杉　风能小香猪
普罗旺斯的猪　榕树　蓝色枫叶　iris　椒盐儿
hb33　Truelulu　夏韵　无心柳　沛公
深绿　绿色园丁　花草迷　孙光闻　王蕊
晓蔓　懒懒的猫　红蚂蚁　玻璃鱼　荷花
渡渡狼　玛格丽特　青青　神灵　火妖
异植园

Part 1

大型观叶植物

DAXINGGUANYEZHIWU

花叶垂榕

中文名：花叶垂榕
别　名：斑叶垂榕
科　属：桑科榕属

通常能在室内有效净化甲醛、二甲苯、甲苯、氨等挥发性有机污染物的花叶垂榕，是一种较容易栽培且相当受欢迎的室内观叶植物，即使在较为恶劣的环境下也能生长高大，但如果你想拥有美丽而健壮的植株，只需给予一些简单的照顾就可以。

原产地

原产印度、马来西亚及热带地区的花叶垂榕，在自然栖息地生长可达30米之高，而经人工引种、驯化后，株高仅1～2米，可作为室内盆栽观赏，摆放于门庭入口处或置于书桌、客厅、沙发、座椅旁，可营造出清新舒适的自然气氛。

小贴士

榕属（*Ficus*）约有1 000种之多，主要分布在热带、亚热带地区。我国约98种，3亚种，43变种和2变型，分布于西南部至东部和南部地区。本属的有些种类还能食用，如无花果，学名*Ficus carica*，果实味甜熟时可直接食用或作蜜饯，甚至鲜叶还能治痔疮，具有一定的药用价值。

形态特征

花叶垂榕为常绿灌木或小乔木，全株具乳汁，分枝较多，高低错落的枝丫上托起清丽柔美的片片绿叶，叶脉间变幻的色彩，由乳白色、淡绿色和金黄色交错而成，描绘着春、夏、秋、冬。

生长习性

好生于温暖、湿润的环境。其原生环境为茂密森林中，因此在半日照的环境下也能生长，对光照的适应范围较广。但耐寒性较差，在寒冷地区冬季需采取避风保暖措施。温暖地区，可露天栽植于庭院内。

栽培管理

生长适宜温度为 15 ～ 30℃。但普通绿叶品种，只要在 5℃的环境，即可越冬。而对花叶垂榕则恰恰相反，冬季下限温度低于 10℃，叶片就容易发黄脱落。选择有暖气设备的房间摆放，会更容易越冬，但不要紧挨着暖气设备，以免造成水分蒸发较快，出现瞬间脱水。

6 月上旬至 9 月下旬，需调整摆放的位置，选择有竹帘遮阴的环境栽培会比较适宜，强烈的直射光会使叶尖枯焦，叶片呈现褐色斑点，影响观赏。其余时间，均可放置在阳光充足的环境下，若是普通绿叶品种，可以放置在有明亮光线的地方，但最好每周 2 次置于有自然光的地方，充分接受日照，有效地进行光合作用，防止基叶脱落、过快的老化。

冬末、初春，温度较低的情况下，盆土可稍偏干燥些，过分潮湿会引起根系腐烂，应严格控制浇水量。5 ～ 9 月为植株生长旺季，待盆土表面干燥后，即可充分浇水。但盆土过分干燥，容易引起落叶、顶芽变黑、枯焦等现象。盛夏高温干燥季节，叶面积较大的情况下，蒸腾作用也较快，经常用喷雾器喷水或用棉布吸水后直接擦拭叶片等措施来提高空气相对湿度，会更有利于新叶的生长和发育。时间以清晨及傍晚日落后进行较妥，以免水珠在强光的直射下，灼伤叶面细胞结构。

生长季节每月施放 1 ～ 2 次含磷、钾为主的液态肥，并在生长期对叶面喷洒浓度为 0.1% ～ 0.2%的硫酸亚铁溶液，时间以傍晚日落后为宜，枝叶会更容易吸收。也可在介质表面施放颗粒状缓效肥料或将颗粒状控释性肥料掺入介质中。冬季低温处于休眠状态，也不要施肥。

修 剪

盆栽枝干生长过高、过密时，可以适当通过修剪枝条来压低高度，促进生长更多的分枝，并剪除交叉枝与反向枝，利于透光、通风，也能减少虫害的为害。

栽培介质

以肥沃、疏松和排水良好的弱酸性壤土为宜，盆栽可用 1 份园土和 1 份珍珠岩等比例混合配制。

换 盆

盆栽 2 ～ 3 年后，在底部排水孔内会伸出很多须根，并且部分根系还会露出土壤表层，表明需要更换大一号的盆器来栽培。时间宜在清明前后、枝叶尚未萌动时进行。翻盆前的 1 ～ 2 天，土壤偏干些，用手敲打盆壁，使盆株从盆内脱出后，去掉 1/3 的旧土，修去枯萎、腐烂的根系后，在新盆盆底的排水孔上盖上两块碎瓦片，成“入”字形，有利于排水、透气，否则在介质过湿的情况下容易将排水孔堵塞。然后填入约 2 厘米厚的浮石或用颗粒较大的粗砂粒，作为滤水层。再填上培养土，将植株扶正后，缓缓填入剩余介质，并轻轻压实。浇透水后，放置在半阴环境下服盆 1 ～ 2 周，其间不要施肥，栽培介质保持湿

润即可，并多向枝叶喷细雾，减少蒸腾。服盆期过后，可转入正常养护。

繁殖培育

繁殖可用扦插、压条和嫁接法。但普通家庭多用扦插和压条法，较为简便，而且成活率高。扦插于春季5～6月份较为适宜，剪取健壮充实的当年生枝条，长10～15厘米，摘去底部叶片，只保留顶端2～4片叶子，剪口离叶腋处约1厘米，成马蹄形，直接插入介质中，深度为枝条的1/2，保持室温20～25℃，空气相对湿度为70%～80%，1个月后即可生根。压条法，长江入海口南岸地区除冬季外，均可进行，但在气温较为暖和的5～7月份进行则更佳。由于枝条没有柔韧性，故采用高空压条法。选择需要压条的部位，去掉周围的枝叶，在叶腋附近用利刀刻伤枝干，作环状剥下，长为1～1.5厘米，两端用塑料薄膜扎紧，中间填入保水性较好的普通培养土。平时只需使扎袋内的水分充足，也无需特别照顾，20～30天后，根系穿透至塑料薄膜外就可切离母株，由于塑料薄膜在土壤中不易降解，去掉后同土球一起栽入新盆内。

病虫害防治

在高温、湿度较大的环境下，容易受红蜘蛛为害，红蜘蛛是一种体型微小，体长不到1毫米，呈红色的螨类害虫，在盛夏高温季节，繁殖力特别强，蔓延迅速。通常喜欢藏于叶片背面吮吸汁液，肉眼很难看清，吸取后叶面密集许多白色小点，表面凹凸不平，逐渐发黄脱落。药剂防治，可用20%三氯杀螨醇乳油1 000～1 500倍液均匀喷洒于叶子正反面及分枝处。注意喷洒时，周围不要触及可食用的东西，以免造成毒害。数量少时，也可使用烟熏法，将一盘蚊香或用蘸过敌敌畏的棉球棒插入盆土中，连同盆株一起用塑料薄膜罩上后，袋口扎紧，经1个小时的烟熏，即可杀死成虫。

橡皮树

中文名：橡皮树
别　名：印度橡皮树、印度榕、印度胶榕
科　属：桑科榕属

橡皮树由于叶片四季碧绿光亮且对环境适应能力又强，只要温度适宜，四季都可生长不断，在我国南方地区常栽植于庭院内。即使是刚接触家庭养花的爱好者，也很容易栽培。是室内优良观叶植物中必不可少的一种。盆栽可点缀于客厅、卧室、露台或沙发附近。在繁忙的工作之余，将自己置身于这郁郁葱葱的绿色世界，可以尽情享受令人陶醉的宁静与安逸。

原产地

橡皮树为桑科榕属常绿木本观叶植物，原产印度东北部、马来西亚、尼泊尔、印度尼西亚、澳大利亚南部以及缅甸等地，也称为“缅树、缅榕”。在我国云南瑞丽、盈江等地，海拔 800 ~ 1 500 米处有野生。其种名（*elasic*）具有分泌橡胶之意，因此，又名橡胶树，英文名为 Rubber Plant。但此胶乳属于硬橡胶类，已不再使用，而是从原产于马来西亚的巴西三叶橡胶树中直接提取。

形态特征

庭院栽培，株高可达 20 ~ 30 米以上，树皮光滑，灰白色；

暗绿色革质叶片互生于光滑的茎干上，长度为 8 ~ 30 厘米，呈长圆形至椭圆形，先端急尖，全缘。盛夏生长旺季，托叶呈鲜红色，颇为美观。冬季，小花单生于榕果内壁，呈无花果状。盆栽一般不会开花，也没有观赏价值。花后瘦果卵圆形，成熟时黄红色。

栽培种类

在栽培方面一些比较常见的品种有叶片宽大厚实、叶面为黑紫色的美国橡皮树，学名 *Ficus elastic* 'Decora Burgundy'，又名黑叶橡胶榕；叶缘为金黄色的金边橡皮树，学名 *Ficus elastic* 'Aureo-marginata'；叶面有乳黄色不规则斑块的花叶橡皮树，学名 *Ficus elastic* 'Doesheri'，而在我国香港、台湾等地称为锦叶印度橡胶榕；还有美叶印度橡胶榕，学名 *Ficus elastic* 'Decora Tricolor'，特征为新叶叶面淡粉色且叶缘有乳白色斑纹，观赏价值较高，但对光线要求也苛刻。

生长习性

橡皮树性喜高温湿润和阳光充足的环境，但畏惧寒冷，寒冷地区在管理上需特别注意，必须移入室内越冬。

栽培管理

生长适宜温度为 20 ~ 30℃。在 −2℃的低温下，会使叶片失水并向内卷曲，叶背出现大小不等的褐色圆斑，叶片逐渐脱落。轻度受寒后，只要将受寒的叶片剪去，提升放置环境的温度，翌年稍加修剪即可重新萌发。因此，越冬温度保持在 5℃左右，就能安全越冬。而对于印度橡皮树，如果是长期栽培于同一环境下，并经逐年低温锻炼，即使是室外最低 0℃，在背风的环境并且介质保持稍干燥的情况，也能安然度过，可适当施用半腐熟的有机肥，有机质在分解过程中，释放出的热量可以提高土温，保护植株。

橡皮树虽耐阴，但长期置于日照不足的环境，会使茎节徒长，侧枝发育不良，叶色暗淡、泛黄。因此，四季都应放置在阳光充足的环境中，即使是盛夏日照强烈，也无需进行遮阴，一部分光照会被宽大且革质的叶片反射。

夏、秋两季气温较高，空气相对湿度较小，而气压梯度较大，这样就愈有利于加速土壤水的蒸发，失水强烈。因此，栽培介质须保持湿润状，通过眼看介质色泽的变化，来判断浇水的次数，色泽偏灰白则表明需浇水。第二天清晨，还应对介质补水一次，以免造成植株萎蔫。冬季至翌年初春，室温过低，栽培介质偏干较好，用手触摸盆土表面感觉较硬，就可浇水。除此以外，长江入海口南岸地区，进入梅雨季节后，雨水明显增多，介质水分收入大于支出，含水量经常保持在田间持水量上下，还会有明显的下渗水流出时，可减少浇水次数。

生长期可每隔 10 ~ 15 天施 1 次以氮为主的肥料，用 0.1% ~ 0.2%的尿素溶液稀释后，直接灌溉于根部。也可用经充分腐熟的有机肥液交替使用，因为有机质不仅可以改善土壤的物理性质、增加土壤的疏松性、改善土壤的透水性，而且可以加强植物呼吸过程、提高细胞膜的渗透性、促进养分迅速进入植物体。而对一些花叶品种，应多施以磷、钾为主的肥料，少施以氮为主的肥料，以免叶面斑驳变淡褪去，出现返祖迹象。冬季，移入室内后就不用再施肥了。

注释

田间持水量：指降雨或灌水后，多余的重力水已经排除，渗透水流已基本停止时土壤所吸持的水量。

修　剪

盆栽管理上，在水分和养分充足的情况下，生理代谢也较快，盆株基部老叶会发黄脱落，出现脱脚，呈“扫把状”，影响美观。必须对植株进行短截，由于橡皮树萌芽力强，可用重短截来促使侧枝的萌生。据造型和长势，对当年生或隔年生枝剪去 2/3 以上，由于大部分腋芽和顶芽被剪去，对留存的潜伏芽刺激很大，使新萌生的枝条成枝力很强。短截的时间以生长期为宜，冬季短截愈伤能力弱，容易造成早春枝条枯萎。短截后枝条切口处，往往会流出带有黏附性的白色乳汁，可用草木灰直接涂上后，封住切口。白色乳汁流失过多会导致枯萎死亡。还需特别注意的是，白色乳汁一旦沾在手上很难清除，因其含有毒素，切不要误食或让儿童、宠物接触。因此，在短截时，最好戴上手套。

栽培介质

对土壤要求不高，以肥沃的腐叶土为佳，盆栽可选用壤土、腐殖质土加少量过磷酸钙配制成营养土，pH 控制在 5.0 ~ 6.5，呈微酸性。

换 盆

根系发达，生长较快，盆栽最好每年更换一次栽培介质，适宜时期以 4 月清明前后、枝叶尚未萌动时进行。可在数日前，停止浇水，用美工刀沿着盆壁插入盆底绕一周，一手扶住植株，一手拿住盆，轻轻脱去，去掉 1/3 的陈土，若栽培介质过于板结无法抖去，可将盆株浸于水中，慢慢融去底层介质，接着在盆底垫入防虫网，铺上小陶粒作为滤水层，也可用碎石粒替代。填上培养土，重新栽植，并且轻轻压实，盆口留 2 厘米，用以灌水。移至半阴处服盆 1 周后，转入正常养护。

繁殖培育

家庭繁殖多采用扦插和压条法进行。扦插时间多以春、夏两季进行，而长江流域地区可在梅雨季节空气相对湿度较大时进行，成活率较高。选取健壮、充实的当年生已木质化枝条，长 10 ~

15厘米，至少保留3～4节，去掉基部叶片，连同叶柄一起剪去，保留顶部1～2片叶子，若叶子过大，也可对半剪去。切口处可涂上草木灰，待枝条晾干1～2小时后，扦插于湿润的介质中。扦插介质选用泥炭土与珍珠岩等比例混合，深度为枝条的1/2，并在枝条旁捆绑一根竹棒起一定的支撑作用，以免风吹倒伏。在适温25℃的条件下，保持空气相对湿度70%～80%，待30～40天，即可生根。也可采用叶插法，必须选取带有隐芽的叶片，但成活后，生长周期较慢。压条法可用高空压条法，也叫空中压条法。压条时间一般多在5月下旬至8月中旬进行，但在7月上旬至8月中旬较有利于发根。选择1～2年生、发育良好、组织充实的健壮枝条。在希望发根处的节下，加以环状剥皮，宽度0.5～1厘米，深度至木质部（剥皮长短可按枝条粗细而定）。剥皮时可用小刀在枝条上下两端刻划一圈，然后左手扶住枝条，右手用小刀在选定部位轻轻从上而下剥刮，深达木质部。再用一张长6～8厘米、宽5～6厘米的塑料保鲜膜，把剥皮部位围圈起来，形成一个圆筒状，在下端用细绳扎牢，将营养土或保湿性强的水苔慢慢填入筒内（若在营养土内拌入50%的青苔，则可长时间保持薄膜内的湿度，促使早生根），填满后，在薄膜的上端用细绳扎牢。仍可按正常养护，放置在室外阳光充足处。平时只需检查包裹处湿润度，如过干，可用注射器注水，也可解开上部细绳注水，然后再扎牢，只要保证湿润即可，切不可干涸，也不用施肥。待根系穿透出薄膜外，此时可连塑料薄膜一起剪下。然后拆去细绳和塑料薄膜，连带泥团一起栽种于新盆内，置于庇阴处养护1周，待服盆后转入正常管理。用高空压条法，成活率很高，可达100%，而且繁殖过程中无需特别照料。

病虫害防治

常有炭疽病和叶斑病为害。炭疽病多表现在叶面及叶缘两侧，产生圆形或椭圆形褐色病斑，四周有黄色晕圈，以后逐渐扩展至整个叶面。多发生在长期置于室内光照不足、通风不良的情况下，梅雨季节湿度大、温度高，病原菌传播更快。发病期，先将病叶连同叶柄一起剪除，再用75%百菌清可湿性粉剂600倍液喷洒叶面，每隔10天1次，连续2～3次。阴雨天过后，需注意防范。叶斑病发病时叶片局部坏死，出现不规则灰白色斑块，严重时整叶枯黄脱落。长江流域地区，进入黄梅雨季时，湿度高较易发病。秋末、初冬以施钾肥为主，停施氮肥，提高抗病力。发病时用75%百菌清可湿性粉剂600倍液喷洒叶面。

小贴士

值得一提的是橡皮树除观赏外，还能有效地清除空气中的化学气体，特别是对含有挥发性的有机污染物——甲醛，在光照下有着特别的净化功效。一些生活中的常用品，像黏合剂、烟草、三夹板、胶合板和粗纸板，以及一些其他产品中均含有甲醛成分，长期接触低含量甲醛，容易头晕、恶心，甚至还会引起慢性呼吸道疾病等。橡皮树通过叶片上的气孔吸收甲醛后，经生理代谢，转为氨基酸和有机酸，转至根部贮存。

花友心情

种养了一盆“黑金刚”，总希望她长得又高又壮，据说只要不断供应养分就可以，于是就用自己沤的黄豆水作肥料不断浇灌。谁知她竟然一发不可收拾，长得太高了，家中没法摆放。想让她长矮些，占空间小、照顾起来省时省力，且身段矮小又能讨人欢喜！便在花市里买些矮壮素（其实就是一种植物生长激素，可以很快调节她的生理机制，生长就会受到抑制），加水稀释1 000～2 000倍，每周1～2次喷洒于茎顶，居然见效了，“黑金刚”小小的模样极为可爱。

鹅掌柴

中文名：鹅掌柴
别　名：鸭脚木、放射鹅掌柴
科　属：五加科鹅掌柴属

原产地

鹅掌柴又名小叶手树、伞树、八叶木，为五加科鹅掌柴属常绿灌木或小乔木。原产华南热带雨林，主要分布于云南、广西、广东、福建和台湾等地，日本、越南和印度等国亦有分布，是热带、亚热带地区的常绿阔叶林常见的植物。生于海拔 100 ~ 2 100 米。现广泛植于世界各地。

形态特征

植株高为 1 ~ 3 米，盆栽一般在 1 米左右。多分枝，通常由 5 ~ 8 片大小不等的卵状长圆形小叶构成复叶，像撑开的鸭蹼、鹅掌般，利于充分地吸收阳光。圆锥花序顶生于枝条上，长达 50 厘米，初开时为淡绿色，逐渐盛开后转为淡粉色，花谢时呈深红色，略带清香。

栽培种类

鹅掌柴属植物约有 200 种，广泛分布于两半球的热带地区。我国有 37 种，西南部和东南部的热带和亚热带地区分布居多，但云南是主要产地。在花市中最常见的是花叶鹅掌柴（*Schefflera odorata* ‘Variegata’），又名斑叶鸭脚木，是鹅掌柴的园艺品种，原产热带及亚热带地区。分枝多，枝条密集。小叶 5 ～ 8 枚，深绿色叶面，具有不规则乳黄至浅黄色斑块，偶有叶柄也具黄色斑纹，观叶效果较好。还有鹅掌藤（*Schefflera arboricola*），特征为小叶由 7 ～ 9 枚组成，附生藤状灌木，植株较鹅掌柴高大，适合于布置在门庭、客厅中观赏。以及原产澳大利亚昆士兰、新几内亚、波里尼西亚的澳洲鸭脚木（*Schefflera macorostachya*），又名昆士兰遮树、方式叶鹅掌柴、大叶伞。特征为常绿乔木，高可达 30 ～ 40 米。茎干直立，少分枝，嫩枝绿色。叶为掌状复叶，柔软下垂，形似伞状，小叶椭圆形且叶数随着树龄的增加而递增，幼苗期 3 ～ 5 枚，逐渐增至 5 ～ 7 枚，最多可达 16 枚。叶面浓绿色富有光泽，对环境的适应性很强，适宜摆放在沙发旁及厅堂内欣赏，绿意盈人。

生长习性

性喜温暖、湿润和光照充足的环境，对光照适应范围较强，全日照、半日照均可。但耐寒性较差，冬季适宜越冬温度 8℃，所以长江流域地区不适宜庭院栽培，入冬后需移入室内管理。

栽培管理

生长适宜温度为 20 ～ 30 ℃。6 月上旬至 9 月下旬，我国很多地区都会出现 38℃的高温天气，此时骄阳如烈火，酷热难耐，对鹅掌柴的生长也带来一定的影响，室外栽培可铺设 75%遮阳网，降低气温。室内可摆放于朝北通风良好的场所。而在我国北部寒冷地区栽培，如大兴安岭以北地区，9月上旬就早已进入冬季，所以要及时了解当地的气候变化，气温跌至12℃时，就应提前做好防寒措施。放入室内适当的地方养护，但要远离取暖设备，更不能直接放于暖炉上。

夏季酷暑，正午阳光强烈需放置在半阴环境下遮阴养护，光线太强，叶片容易卷缩，而且还会发生日灼病，叶片会陆续脱落。春、秋两季无论是花叶品种还是普通品种，都应置于室外阳光充足处栽培，既不会因室内环境闷热而滋生红蜘蛛、介壳虫等虫害，又能使整体株形丰满美观、生长良好。若是长期置于室内有明亮光线的地方生长，容易造成植株偏向某一处生长，破坏株形。因此，最好每隔1周转动1次花盆，使其各个角度都能接受光照。冬季，选择室内朝南环境摆放，但夜晚要远离窗台边。

浇水要适量。5～9月生长季，盆土保持湿润即可，待盆土表面干燥，用手按下去较硬时，就可充分浇水。虽然有一定的耐旱力，但也不能完全脱水，否则极易造成大量叶片泛黄。盛夏干热季节，可早晚各浇水1次，但也要观察盆土色泽及生长情况，若色泽为深褐色也无需补水，若是清晨8时，盆土表面已见白茬，可补水1次，但此类情况多因栽培介质保水性较差而引起。进入梅雨季节后，室外栽培的要防止盆土积水，以免引起烂根。10月入秋后天气逐渐转凉，不宜多浇水，但也要根据盆株摆放的位置及气候变化综合考虑，灵活掌握。

鹅掌柴生长快，仅靠盆器内的营养是远远不够的，生长期可每月追肥1～2次浓度为0.1%～0.5%的硫酸铵，促使抽枝展叶。但长期使用，容易导致土壤板结，破坏土壤结构。应与有机肥液交替使用。而对于花叶鹅掌柴，可用0.1%～0.2%的磷酸二氢钾每隔10～15天叶面追肥1次，这样叶面斑纹不会返回全绿色。若是室外栽培，建议使用动物残体经一年以上的腐熟发酵，取上层液体清水稀释后直接浇灌盆土上，效果更好，但不宜在室内使用，否则容易污染空气。

栽培介质

盆栽鹅掌柴栽培介质宜选疏松、排水良好的肥沃土壤，可用60%园土、30%腐叶土、10%珍珠岩及干鸽粪混合后使用。忌使用重黏性土栽植。

换　盆

换盆时间以春季萌芽前，最为适宜。盆栽每2～3年换土1次，盆土内应放足基肥。

繁殖培育

家庭盆栽一般不易开花结籽，主要还是以扦插法为主。时间以春、秋两季为好，南方温暖地区，全年可进行。扦插可分为土插法和水插法两种，但对于入门者而言，选择水插法会更容易些。土插法，选取当年生生长健壮的枝条，长10～15厘米，需带3～4个节，并保留插穗上部1～2片复叶，插于介质中，深约穗长的1/2，插后需立即浇透水并放置在无直射光处。日后管理中，需保持介质湿润，在20～25℃下，30～40天后即可生根。水插法，事先准备一个半透明的容器，可选择1.25升的可乐瓶或高脚玻璃瓶，若是多年没用的容器，最好用高锰酸钾溶液浸泡5～10分钟消毒，以免感染插穗切口。选取当年生无病虫害的枝条，在底部节下1厘米处剪下，插入瓶中，每瓶可插2～3枝（据植株的大小而定），放在有明亮光线的地方。保持约25℃的室温，3～4天更换1次清水，经一个半月的时间，插穗节间处就会长出1～2厘米长的根系，即可进行移栽上盆，但上盆后不要急于放在全日照环境下，应先置于半日照环境，待枝叶开始抽生，可逐步增加光照，转入养护。

病虫害防治

盆栽鹅掌柴很少有病害感染，而在通风不畅的环境下，易感染红蜘蛛。选用专杀药剂进行防治即可，如阿维菌素、克螨、三氯杀螨醇等。

购买指南

在春季4月中旬谷雨后，我国大部分地区平均气温已达12℃，气温逐渐回升，空气湿润，雨量充沛，适宜于购买株苗栽植。应选择株形匀称，枝叶浓绿，叶背面及枝条上无虫害的健壮株苗，用直径15～20厘米的盆器栽植，栽植后需适当遮阴，待成活后长至15厘米后，就可进行修剪，及时摘去顶芽，促其生长更多的侧芽。

花友心情

养花非仅花儿美丽，可作居室美化，亦非刻意表现“陶冶情操”，实乃花儿能倾听我内心的独白，帮助我排遣心中的烦恼与不快。

自从有了那些花花草草，有了花儿的陪伴，我就再也不觉得居室空旷、寂寞难耐，觉得生活非常丰富多彩。

棕　竹

中文名：棕　竹
别　名：棕榈竹、筋头竹
科　属：棕榈科棕竹属

四季都可在室内欣赏且树形典雅优美，又被泛称为“美女棕”，备受人们欢迎。棕竹为多年生常绿丛生灌木，也是我国传统的优良观叶植物之一。

原产地

主要原产于我国南部至西南部，日本亦有分布。在我国南方地区，四季温暖，植于庭院或露台中，效果非常好，颇为壮观。不仅具有观赏效果，而且枝叶常作高级插花的衬材，秆也可作手杖、伞柄等。

形态特征

植株高 2 ～ 3 米，茎圆柱形，有节。叶似棕榈叶，互生，掌状深裂，长为 20 ～ 32 厘米或更长，宽 1.5 ～ 5 厘米，裂片 4 ～ 10 片，犹如手掌形、宽线形或线状椭圆形，先端截形且具多对稍深裂的小裂片，叶鞘基部有黑褐色网状细纤维。雌雄异株，初夏雌株盛开淡黄色小花，花序长 30 厘米左右，总花序梗及分枝花序基部各有 1 枚佛焰苞包着，花后果实球状呈倒卵形。

栽培种类

在栽培方面，有经日本人工选育的栽培变种，学名 *Rhapis excels* 'Variegata' 的斑叶棕竹，又名花叶棕竹。其特征为墨绿色的叶片上镶嵌着乳白色或黄色条斑，点缀于室内茶几上，甚为美丽。除此之外，还有同属的栽培种，约有 12 种，分布于亚洲东部及东南部，我国约有 6 种，主要分布于西南至南部。有株高 1 ～ 1.5 米且叶掌状深裂成 2 ～ 4 片，裂片长圆状披针形的细棕竹（*Rhapis gracilis*）；原产广西南部的丝状棕竹（*Rhapis filiformis*），扇形叶长约 37 厘米，裂片 3 片，深裂至基部 1 ～ 2 厘米，线状披针形；裂片最多可达 30 片的多裂棕竹（*Rhapis multifida*），叶扇形，掌状深裂，长 28 ～ 36 厘米，线状披针形。有良好的装饰效果，适合在客厅摆放。

生长习性

性喜温暖、阴湿及通风良好的环境。但在我国北方地区，冬季必须移入室内培育。长江入海口南岸地区，霜降后随气温逐渐降低至 5℃以下，也需要置于温暖避风处，但可耐短时的低温。直到翌年 4 月清明后，方可出室。

栽培管理

生长适宜温度为 15 ～ 30℃。春、秋两季可放在阳光充足的场所，或是选择有明亮散射光处生长，但都要保持良好通风。夏季 6 月上旬至 9 月下旬应放置在朝北的房间或有竹帘遮挡的阳台内养护，遮光 50%，忌强光直射，避免叶片发黄、边缘及叶端枯焦。冬季则放在朝南的房间内，一整天都可以接受阳光。

春至秋三季，为棕竹生长发育期，盆土都应保持湿润，供应充足的水分，土壤过分干燥，引起掌状叶片向内收缩，呈下垂。但是夏季高温时，除向盆土浇灌水分外，还应向植株多喷细雾，提高空气相对湿度，利于茎叶生长，喷雾时间以傍晚日落后较为合适。若是选择正午日照较强时喷雾，水珠在阳光的照射下，会直接烫伤叶面。另外，需注意的是，喷雾的水温不宜高于当日气温，但在盆壁温度高时，也不能用冷水浇灌，否则会使其萎蔫。冬季低温，植株处于休眠期，应控制水分的浇灌，盆土略偏干。

生长旺期，每隔 10 ~ 15 天施放以氮为主的肥料 1 ~ 2 次，比例以 1 ： 1 000，即 1 克肥兑 1 000 克水。也可使用氮、磷、钾养分均匀的颗粒复合肥，每隔 3 个月 1 次，撒于盆际周围。无论使用何种类型的肥料，在植株处于生长停滞状态下，一般不用施肥。而对花叶棕竹在施肥时应以磷、钾肥为主，不要只偏用氮肥，忽略磷、钾肥的使用，这样叶色斑驳会容易褪去。

栽培介质

栽培介质要求不高，喜肥沃、深厚、透气良好的微酸性土壤，盆栽介质可用等分量的园土、腐叶土、珍珠岩混合配置，若在栽培介质底层加上少量骨粉作基肥，效果则更佳。

换　盆

盆栽以每 2 年更换 1 次栽培介质较为合适，补充陈土中所缺乏的微量元素、矿质元素，以及对植株的根系加以修剪，使植株在每一年都能生长良好。应在 4 月清明前后，茎叶尚未萌动时进行，除抖去盆土表面的介质外，还需除去根部约 1/3 处的栽培介质，修剪过细及褐色干瘪的根系。再将植株重新栽植，填上新介质，浇灌定根水，放置在通风庇荫处，服盆 1 周后，转入正常养护。

繁殖培育

繁殖可用播种和分株法。由于北方地区盆栽不易开花结籽，因此多以分株法为主，而且能在较短时间内保持完美的株形，若是选择 2 ～ 3 株参差不齐的株苗作丛林式的栽培，配以假山栽植于深褐色的浅盆内，忙碌之余，置身于自然环抱之中，顿感疲惫消弭、身心舒缓。

分株法既可结合春季翻盆换土，也可在秋季天气凉爽时进行。先将植株从盆中脱出，去掉一些周围的介质，用利刀将根际周围带有根系的蘖芽切下，切口处涂上硫磺粉，以防感染出现腐烂。重新栽入新盆，浇透水后，置于没有阳光直射、温暖的地方，并向植株及叶面喷水，服盆 1 ～ 2 周后，转入正常养护。服盆期间，不要施肥。

选择播种，宜在春季 4 ～ 5 月份进行，播种前，可先将种子用纸巾包裹，浸泡于温水中进行催芽，约一昼夜后就可取出，种子栽入土中能在较短的时间内发芽、生根。用镊子小心翼翼地将种子栽于盆器内，播种介质应选用保水、透气性较好的，即使三四天不浇水，也不会太干，这是种子出苗的关键。然后再铺上一层麦饭石，这样既可以使根部稳稳地扎于介质中，又可以净化水质。约 1 个月后即可发芽，逐渐增加光照，一个个新生命将会从细缝中抽出，让你惊喜万分，远远望去仿佛一片茂密的森林，颇有情趣。

病虫害防治

夏季室内通风不良下最容易受介壳虫的为害。介壳虫多隐秘于叶背面，不易被发现。其排泄的分泌物容易堵塞叶面气孔，还会引起烟煤病。数量多时可用 700 ～ 1 000 倍的蚧必治喷杀，数量少时可直接使用酒精棉擦拭 2 ～ 3 次即可。同时，增加环境的通风透光。

购买指南

不宜在冬季选购，以免途中遭寒风吹袭且温度变化较大，引起植株受寒，以春、夏两季为宜。挑选叶色浓绿、株形低矮紧凑、叶背及茎干周围无虫害的健康植株。另外，在一些大型花卉交易市场上，还能购买到健壮的实生苗。

注释

蘖芽：根际处或茎基部萌生的新芽。

实生苗：简单地说就是通过种子播种而生长出的苗。对抵抗不良环境的能力较强，生长健壮且根系发达，寿命长。

花友心情

花是我的挚爱，是要我细心照顾的朋友。世事变迁更替，唯有内心要有所寄托不容改变。我内心的寄托是花。花是一种展示人类强势的东西，她们需要人们去关心她、照顾她，让人觉得自己是有用的。花儿既有生命又所求甚少，只需对她多一份爱心和呵护，她便加倍地还赠你亮丽与欣喜。

海　芋

中文名：海　芋
别　名：老虎芋、广东狼毒、滴水观音
科　属：天南星科海芋属

原产地

海芋适应性很强，较容易管理，且四季常青，碧绿的叶片大而如伞，姿态逸雅，为优良的室内观赏植物，也是布置客厅、卧室、书房不可或缺的观叶植物。

海芋又名野芋，为天南星科海芋属多年生大型常绿草本植物。海芋产于长江以南各热带地区，在我国华南和西南等地分布居多，多生于海拔 2 000 米以下地区，常成片野生于热带雨林林缘下、溪谷湿地或河谷野芭蕉林下，在我国气候温暖的地方常栽培于庭院内。而在台湾省，海芋通常是指马蹄莲，是同科不同属的多年生块根植物。

形态特征

植株高 50 ~ 60 厘米，野生的可达 3 ~ 5 米。具匍匐根茎，有直立的地上茎。茎肉质、粗壮、褐色。草绿色的叶片长 50 ~ 90 厘米，宽 40 ~ 90 厘米，亚革质，箭状卵形，叶边缘呈波浪形。绿色的叶柄粗壮，螺状排列，基部扩大而抱茎。夏季开花，花梗成对由叶鞘中抽出，花白色，佛焰苞上部呈舟状，先端锐尖；肉穗花序短于佛焰苞，粗厚，圆柱形。花后浆果红色，卵状，内含种子。果期 6 ~ 7 月。

栽培种类

一般花卉市场上经常能见到与海芋形态特征极为相似的尖尾芋，其学名 *Alocasia cucullata*，原产中国南部。盆栽株高有 20 ~ 30 厘米，野外生长林地中的株高可达 1 米，浓绿而富有光泽的叶长 10 ~ 16 厘米，盾状心形，根茎肥大。耐旱及耐阴性较强，适于盆栽观赏或庭院栽培。同属的还有主要分布于老挝、泰国、马来半岛等地的箭叶海芋（*Alocasia longiloba*），生长于海拔 900 ~ 1 200 米茂密的林、灌丛下。我国云南、广东也有分布，根茎圆柱形，成株叶长 25 ~ 45 厘米，长箭形。佛焰苞淡绿色，花期 8 ~ 10 月。

生长习性

虽然耐高温及耐湿性较强，但畏惧冬季严寒低温，忌夏季烈日直射。因此，我国北方及长江入海口南岸地区，多以盆栽管理较为便利。

栽培管理

生长适宜温度为 20 ~ 30℃。10 月霜降后，气温逐渐下降，低于 8℃时，就应将盆株移入室内朝南的房间，这样利于植株安全越冬，否则容易引起叶面泛黄现象。南方地区庭院栽培的，若是气温变化幅度过大，低于植株的生存最低温度，可在肉质茎上包裹稻草及在土壤表面铺上厚约 3 厘米的枯枝落叶或其他覆盖物，对根系加以保暖。

夏季日照过于强烈会造成叶片发黄，叶边缘干枯，严重时还会使叶表面出现不规则的褐色斑块。春、秋两季都应放置在室外阳光充足的环境下，即使放置在室内，也应选择有自然光的地方，自然光线主要是来自于太阳辐射光，多接受太阳辐射光的照射，可使植株生长受到抑制，防止徒长，并有消毒杀菌作用，也可减少病害的发生。冬季气温较低，则放置在朝南日照时间较长的房间或封闭式阳台内。

海芋性喜湿润，除冬季低温外，春至秋生长旺季，不仅要保持盆土湿润，而且还应多向栽培环境洒水，提高空气的湿润度。若是有叶柄弯曲下垂，并且土壤表面呈灰白色，植株已呈临时萎蔫状态，就应迅速浇水于土壤中，并向植株喷细雾，可缓解此现象，逐步恢复原样。在进入梅雨季节，气候温暖湿润的情况下，叶片尖端或叶边缘常会出现滴水现象。因此，很多花商为讨一个好的口彩，给海芋另起了一个商品名叫“滴水观音”。其实是植物的一个生理代谢现象，当温暖潮湿、土壤水分充足的条件下，植株体内会将多余的水分通过茎叶外渗出来，呈液滴状，如果空气湿度过小的话，液滴就会马上蒸发掉，此现象在《植物生理学》中被称为“吐水”现象。冬季气温逐渐下降，应尽量控制浇水，盆土以保持稍干燥较为合适，可待盆土表面干燥后，再浇灌水分，水温应与室温相同，则较为合适。若是温度低，土壤湿润度高，极易造成茎部腐烂。

生长期每隔 15 天浇灌 1 次偏氮为主的化学肥料，秋季则每月施 1 次偏磷、钾为主的肥料，或采用根外追肥，将浓度为 0.1%～0.2%的磷酸二氢钾溶液喷洒于肉质茎、叶片、叶柄之上，使得各

个器官都能吸收利用，宜在早晚进行。可迅速补充养分，增加抗寒力。

栽培介质

对土壤要求不高，但在疏松、排水良好的腐殖质壤土中生长最好。可用4：3的腐叶土和园土自制培养土栽培。但应放于自然光下经烈日暴晒后再使用，起到消毒作用。

换 盆

海芋生长较快，成株每隔2年翻盆换土1次，以春季4～5月或秋季9月较为合适。翻盆前，盆土可稍干些，容易使株苗脱出盆外，剪去已成褐色的干瘪根系及烂根，抖去1/3的旧土，若是根系紧缠绕于土壤中，无法除去的话，可先将植株浸于水中数分钟，这样土壤湿润后，旧土就容易脱落，然后再用新土重新栽植于盆中，放置在半阴的环境下，服盆1～2周后，逐渐增加光照。

繁殖培育

繁殖可用分株和扦插法进行。翻盆换土时，切离根际处生长出的幼株，幼株最好带有3～4片叶并保留根系，重新栽植后成活率较高。扦插，可选取健壮无腐烂的茎干，长10～15厘米，在剪口处涂上草木灰或放置在阴凉、通风处，待伤口稍愈合后，再扦插于介质中，保持湿润，适温保持20～25℃，20～30天就可生根。

病虫害防治

常有炭疽病的为害，病斑出现在叶面上，近圆形至不规则形，呈褐色，有轮状纹。发现病叶，及时清除，并用40%百菌清可湿性粉剂1 000倍液喷洒，每隔2 ～ 3天喷洒1次。

有时也会遇上茎部干瘪腐烂，出现倒伏现象，多是由于受寒或温度低盆土过于潮湿引起。可将腐烂部分清除掉，然后涂上草木灰，或是直接放置在荫蔽、通风之处，晾干1 ～ 2日，待伤口处稍有愈合迹象，重新插入经消毒后的培养土内，保持湿度，在室温25℃的环境下，重新长根、抽叶。

较容易感染蚜虫、红蜘蛛、介壳虫的为害。蚜虫多在春、夏两季繁殖较多，常密集于顶芽、新叶叶面和叶背上，体小而软，吸食叶内汁液，使叶色呈灰白色，而且会造成叶、芽成畸形。可用溴氰菊酯，2.5%乳油3 000 ～ 5 000倍液进行喷杀。

若是在植株周围或叶柄处有一层层薄薄的蜘蛛网，那一定是红蜘蛛造成的，虫体不到1毫米，肉眼很难分辨出，以吮吸叶片内的汁液而生存，会使叶绿素受到破坏，叶表面呈现灰黄色斑点，最后导致叶片枯黄脱落。应及时清除，药物可用克螨特或三氯杀螨醇1 000 ～ 2 000倍液喷洒叶片正反面。同时，改善环境通风条件。

叶柄周围黏附有白色或褐色扁卵形物体，用指甲划后，会出现红色液体，这便是介壳虫。繁殖能力强，一年发生多代。通常以吸茎叶的液汁为生，严重时会造成凋萎。因此，发现后应立即清除，数量少的话，可以直接用酒精棉轻轻地反复擦拭叶柄，注意要连同虫卵一起清除，反复 2 ~ 3 次，就能把介壳虫除掉。此法简便又安全，不会有农药残留，效果也很好。发现较晚，叶柄及叶面上都已染上介壳虫，而且数量较多，只有使用药物进行杀除，可选用 2.5%溴氰菊酯 3 000 倍液，每隔 3 ~ 4 天喷洒 1 次。

小贴士

海芋植株全株有毒，汁液接触皮肤后，容易瘙痒，误食茎或叶可引起喉舌发痒、肿胀、恶心、腹泻，严重者会窒息，从而导致死亡。因此，摆放的位置最好不要让儿童触及。虽然有毒，但还是有一定的药用价值。根茎可入药，对治疗腹痛、霍乱、疝气等有良效。还可治肺结核、风湿性关节炎、感冒、流感、肠伤寒、蛇虫咬伤、烫火伤等。

海芋别名广东狼毒，与另一种也叫狼毒的植物要加以区分，狼毒为瑞香科狼毒属多年生草本植物，又称断肠草、燕子花、馒头花，主要原产东北、华北经陕西、甘肃、青海至西南等地。具有粗大的木质根茎，茎多数直立，不分枝；顶生圆形的头状花序，通常黄白色。毒性较大，不宜用于栽培观赏。

花友心情

赏花开花落，观云卷云舒，心情不同则感受亦然，只需用一份淡然、随意的心情，去养护你的花草，快乐便始终陪伴着你。

海南龙血树

中文名：海南龙血树
别　名：柬埔寨龙血树、小花龙血树、山海带
科　属：百合科龙血树属

海南龙血树，其飘逸动感的线形叶酷似水中的海带，配之以瑰丽的色彩，给人以优美风雅的意境，因而深得人们喜爱。是近几年由广州花卉研究中心引进驯化和繁殖，也是目前颇为流行的室内大型观叶植物。用它来布置客厅、卧室、阳台再合适不过了。

原产地

海南龙血树为百合科龙血树属，常绿小乔木，产于海南岛。也分布于越南、柬埔寨。生于林中或干燥沙壤土上。

形态特征

茎干直立，乔木状，原产地高可达 3 ～ 4 米以上。茎通常不分枝，树皮带灰褐色。浓绿色的叶片呈剑形，长达 70 厘米，宽 1.5 ～ 3 厘米，互相套叠聚生于茎顶端，弯曲下垂，苍翠飘逸。初夏，黄绿色小花每 3 ～ 7 朵簇生于茎顶，略有清香，花后果实成浆果状。但因花小较不具观赏价值，通常在抽花枝时，就可直接剪除，避免植株消耗太多的养分。

栽培种类

龙血树属的观赏植物在花市中最为常见，品种繁多，主要有香龙血树（*Dracena fragrans*），又名巴西铁、巴西木，鲜绿色光亮的叶片，簇生于茎顶，小花黄白色，略有芳香；金心香龙血树（*Dracena fragrans* 'Massangeana'），又名斑叶千年木，是香龙血树的园艺品种，原产非洲西部的加拿利群岛，株高可达6米，淡绿色叶片中央具金黄色纵向宽条纹，叶披针形，弧形弯曲，群生于茎干上；非常适合于小型盆栽观赏的星点木（*Dracena godseffiana*），又称银星龙血树，植株矮小呈灌木状，茎细长，椭圆状卵形叶片上洒满不规则乳白色或黄白色斑点；还有最受欢迎的，在元旦、春节等中国传统节日中，带来好运的开运竹、节节高，其植物名为富贵竹（*Dracaena sanderiana*），又名万寿竹、仙达龙血树，原产非洲西部，植株细长直立，不分枝，叶披针形，叶缘镶有黄白色纵纹，栽培十分容易，不仅能土栽于盆器内，而且还能水养，以5～9月最易发根成活。每3～4天换1次清水，也可在生根后，加入少许的无机肥，能使叶片更油绿。

生长习性

性喜温暖而湿润的环境，较耐阴，不耐寒，我国南方温暖地区冬季可放室外避风向阳处，在东北 、华北、西北只能作室内盆栽观赏，但在温度较高的室内，要注意保持通风，避免红蜘蛛、介壳虫的为害。

栽培管理

生长适宜温度为20～30℃。我国很多地区经常会出现气温超过35℃的高温天气，此时生长较缓慢，甚至会完全停止生长，需小心管理。而对越冬温度要求也较高，以8～10℃为佳。长江流域及北方地区，宜在10月中旬霜降前后，将盆株搬入朝南的室内或阳台内，避免茎叶遭受冷害。严格控制浇水，并保持叶片洁净，若灰尘较大，

会影响其光合作用和呼吸，对来年生长非常不利。

虽然在光线较明亮的环境下也能生长，但长期置于人工照明或日照时间较短的场所，会使叶片薄如纸，叶色暗淡无光泽，出现徒长现象，基叶会逐渐发黄脱落。所以除盛夏高温季节，需避免强烈的阳光直射外，其余季节光照强度较低，均可放置在完全没有遮阴的自然光照射下生长，有效地进行光合作用，这样才能使叶色更浓绿，枝条粗壮。

5～9月生长旺盛期需水量较大，待土壤表面见白茬后，就应及时补充水分，保持盆土湿润。平日还应多留意天气变化，若遇连续数日晴热天气，可多浇水。在黄梅雨季，雨水较多的天气，可减少浇水次数或停止浇水。但每次浇水都必须浇透，待盆土内多余的水从盆底排水孔流出。6月上旬至9月下旬，盛夏高温季节除盆内浇灌水以外，保持空气相对湿度在70%～80%，湿度较低易使叶边缘发黄、叶尖枯焦，可向叶面喷细雾或在周围环境洒水。10月中旬至翌年4月，气温逐渐转凉，下降至10℃以下，要减少浇水频率，此时植株蒸腾作用较小，对水分需求也较低，栽培介质可略偏干些。而在我国北方地区，室内有暖气，温度较高则空气相对湿度较低，可用海绵吸水，经常擦拭叶面，但水温要与室温相同。

生长旺期，应多施肥，以每隔10～15天施用1～2次稀薄的复合肥水为较好。夏季高温和冬季低温，长势缓慢或休眠时，不要施肥，否则容易导致根系腐烂而死亡。

平时注意经常转动花盆，可使植株繁茂，生长均匀，整体株形丰满美观。出现基叶发黄、叶尖发焦，可随时剪除。

栽培介质

栽培介质要求不严，但以富含有机质、肥沃且排水良好的壤土为佳。盆栽用土可选择50%园土、15%珍珠岩、25%蛭石三者混合物，并掺入5～10克花卉控释肥，效果更佳。

换 盆

盆栽2～3年后需翻盆换土1次，盆中营养已不足以满足其生长，每年春季5月上旬，为换盆的最佳时间。但最好选择傍晚或阴雨天进行。整个土团脱离花盆后，轻轻拍下宿土约1/3左右，并修去盆壁周围缠绕的盘根及部分已枯萎的老根，重新栽植于比原盆大一号的盆器内，使根系有更充足的生长空间。可在盆底铺上防虫网，并填入厚2～3厘米的碎石粒，增加排水。再逐渐倒入富有矿质元素的新鲜介质。种植后立即浇足水分，置于半阴环境下，服盆1周后再转入正常养护。

繁殖培育

海南龙血树可以扦插繁殖，于每年春、秋两季进行，而长江中下游地区，选择梅雨季节，温度也逐渐回升，雨水多，湿度相对也大，成活率更高。剪取带叶的茎顶，上部叶片剪半，摘除茎部以下叶片，露出茎节，在切口处涂上草木灰，扦插于泥炭土与珍珠岩混合后的介质中，介质的含水量应以60%为宜，并每天向植株早晚喷雾1次，接受30%～40%日照，适宜温度20～25℃，30～40天后便可生根。

购买指南

因其叶色及植株形态最易和酒瓶兰混淆，所以常被误认，但仔细观察还是可以看出两者的区别所在，酒瓶兰具有膨大基部，地下为肉质茎，茎部表面龟裂呈小方格，而海南龙血树则是树茎挺壮，叶片纤细。

千年木

中文名：千年木
别　名：红边竹蕉、缘叶龙血树、细叶千年木、细叶马尾铁
科　属：百合科龙血树属

千年木是被世界各国公认的一种良好的环境美化植物，非常适合于摆放在窗台、书房、写字台，经过光合作用能有效地净化挥发性有机污染物，如甲醛、甲苯、二甲苯、三氯乙烯等，因此深受人们喜爱。

原产地

原产于热带非洲、马达加斯加岛的千年木为百合科龙血树属常绿灌木，我国引进栽培。龙血树属全世界约有 40 种，分布于非洲热带与亚热带地区，在亚洲地区则分布居少，我国有 5 种，主要分布于我国的南部地区。

形态特征

植株高 30 ~ 100 厘米，原生种可达 10 米之高。灰褐色的茎干呈圆柱形，挺直树立，细长的叶片簇生于茎干顶端，中间绿色，通常叶缘夹杂着几条不规则的紫红色或嫩黄色条纹，随着新叶的不断抽出，基部老叶渐渐下垂，远远望去犹如夜晚绽放的礼花，五光十色，绚丽多彩，增添欢乐的气氛，留下极为深刻的印象。

栽培种类

流行的园艺栽培种有彩虹千年木，学名 *Dracaena marginata*

‘Tricolor Rainbow’，叶片中央为绿色条带状，边缘具淡黄色与褐红色的细长条纹，犹如一道彩虹，十分美丽；五彩千年木，学名 *Dracaena marginata* ‘Tricolor’、叶片具有红、黄、绿三种条纹，也叫三色细叶马尾铁，产于我国的同属品种，能从茎和枝中提取麒麟血的剑叶龙血树，学名 *Dracaena cochinchinensis*，具有止血、活血、生肌、行气的功效。

生长习性

性喜高温多湿和阳光充足的环境，畏惧寒冷。5 ~ 10 月最好栽植在室外具有散射光的场所，若是摆放于室内观赏，也要选择光线明亮处。6 月上旬至 9 月下旬，在室外栽培的，要注意不可直接接受强光直射。10 月下旬至翌年 4 月，寒冷地区，宜置于室内栽培。

栽培管理

生长适宜温度为 20 ~ 30℃。南方温暖地区，可四季栽植于室外庭院，而长江入海口南岸地区及北方城市，从 10 月下旬起，若温度低于 12℃，就需要引起注意，应移入室内过冬。若是室内温度低于植株生长和发育的下限温度 8℃时，叶片易出现泛黄、枯萎，可在整株外，套上一个塑料薄膜，并剪去两个尖角，保持通风，以免植株周围小气候过于闷热，出现腐烂。

4 月中旬出室后，就应置于全天日照充足的室外，即使是夜晚也无需放入室内，因为此时白天的气温较为暖和，光合速率高，合成更多的有机物质，夜间气温低，呼吸速率低，有机物消耗少，利于干物质的积累，对植株的生长和发育非常有利。

生长期间，待表土干燥后就可补充水分，并将托盘内流出的多余水分倒去。避免栽培介质过于潮湿或积水，更不要将盆栽的株苗脱出，冲刷掉栽培介质，直接置于盛有清水的透明容器内水培，陆生植物的根系无法在水中正常呼吸、进行有效的光合作用，最终会导致生长不良而死亡。另外，夏日艳阳，空气相对湿度低，会造成叶尖枯焦、卷曲。应早晚向植株喷雾 1 ～ 2 次或用海绵吸水清洗叶面，提高周围环境的空气湿润度，还能有效地减少红蜘蛛的为害。除此以外，长江入海口南岸地区，进入梅雨季节时，应注意每日的气候变化，盆株置于通风避雨处或将盆侧放，这样即使雨水过多，也不会造成雨水来不及下渗，引起积水。

一般在生长季节每隔 10 ～ 15 天施肥 1 ～ 2 次，掌握宁少勿多的原则，防止引起肥害。红边、彩虹、五彩千年木施肥应以磷、钾肥为主，氮肥为辅。还可使用经充分发酵腐熟的有机肥液浇灌，营养较为均衡。而对绿叶品种以氮肥为主，磷、钾肥为辅。施肥前，应先对栽培介质进行松土，不仅增加介质的透气性，而且肥液下渗后也利于根系吸收。

修　剪

由于植株的正常生理代谢，往往基叶会逐渐凋落，茎干上会留下一环环的叶痕，茎干中部以下的地方没有枝叶，这种现象也称为“脱脚”，会使得盆株显得十分不雅。因此，我们可以充分利用顶端优势，经常短截茎干，即将枝条顶部的生长点剪去，顶端优势下延，刺激茎干下部的隐芽萌发，短截的时间以仲春至盛夏两季进行最合适，时间过早气温低，容易出现茎干枯萎；过晚新长出的茎叶不易过冬。

栽培介质

对土壤要求不严，但以肥沃、排水良好并且 pH 在 5.5 ～ 6.0，呈酸性的壤土为佳，盆栽培养土可选用泥炭土、田园土、珍珠岩及少量骨粉混合配制。

换 盆

盆栽千年木，生长较为缓慢，可每隔 3 ~ 5 年更换一次栽培介质。南方地区全年均可进行。长江入海口南岸地区和秦岭—淮河以北，宜在气温达 15℃的条件下进行。

繁殖培育

家庭繁殖可用扦插和压条法。扦插时间在晚春至夏季较为适宜。剪取健壮、充实的枝条，长 10 ~ 15 厘米。或者选择顶端枝条，但要将叶子剪半，减少水分蒸发，在剪口处涂上草木灰，直接插于湿润的介质中，深度约为枝条的 1/3，放置在通风荫蔽的环境下，20 ~ 30 天后生根萌芽。压条采用高空压条，时间除冬季外，均可进行。夏季高空压条，秋季就可切离母株栽植，若是秋季进行高空压条，则于翌年春季切离母株。具体方法选取需要高压的部分，环割剥皮 1 厘米，下端用塑料薄膜扎紧，从而阻碍养分的流通，填入栽培介质，再将上端扎紧，就能因养分的积累，在环割处长出不定根。日后的管理，母株仍可正常养护，只需经常保持介质湿润即可，介质可选用保水性好的水苔或泥炭土。直到根系穿透塑料薄膜后，就可将植株切离母株，拆去塑料薄膜，连同土球一起栽植于新盆内。

小贴士

属名 *Dracaena*，龙血树属起源于希腊文的 drakaina 表示雌龙之意，特指某些品种的茎流出的红色液汁好似龙血。由于狭长的叶片镶嵌着绿色、红色、褐色、白色、黄绿色等条纹，所以其种名 *marginata* 则有着镶边之意。

虎尾兰

中文名：虎尾兰
别　名：千岁兰、虎尾掌、锦　兰
科　属：百合科虎尾兰属

虎尾兰是一种很容易上手栽培的植物，有一个与众不同的特征，通常在夜间吸收二氧化碳，释放氧气，并且可以长期置于室内欣赏，有助于放松精神，让生活更轻松。

原产地

原产于非洲西部，少数种类也分布于亚洲南部，约有 60 种之多。我国各地多以盆栽栽培，供观赏。

形态特征

虎尾兰为多年生宿根常绿草本植物。横走根状茎，叶簇生，常 2 ~ 6 片成束，叶片长 30 ~ 70 厘米，成直立状，扁平，硬革质，长条状披针形，顶端尖锐，神似一把利剑，向下部渐狭，并成长短不等的有槽叶柄，且叶片两面均具有白绿色和深绿色相间的犹如云层状横带斑纹，稍带白粉，貌似虎皮一般，精美别致，常被称为虎皮兰。叶纤维强韧，还可用作编织。总状花序从叶基处抽出，绽放淡绿色或白色小花，略有淡淡香味，花期春、夏两季，花后结实，成浆果形。

栽培种类

最具有代表性，深受人们喜爱的是叶缘有金黄色镶边，叶长 70 ~ 80 厘米的金边虎尾兰（*Sansevieria trifasciata* 'Laurentii'）。在花卉交易市场上还能见到不少栽培种，像暗绿色的叶面上布满横向灰白色横纹的白纹虎尾兰（*Sansevieria trifasciata* 'Argentea striata'）；叶中央具黄色斑纹，叶缘呈墨绿色的，植株高 25 ~ 50 厘米的中斑虎尾兰（*Sansevieria trifasciata* 'Craigii'）；也有形态奇特的棒叶虎尾兰（*Sansevieria cylindrica*），又名圆叶虎尾兰，原产非洲热带、纳塔尔。株高 60 ~ 90 厘米，叶呈圆筒形，顶端略尖，单叶丛生，叶面镶有灰绿色条纹；还有经人工选育的迷你品种，如金边短叶虎尾兰（*Sansevieria trifasciata* 'Golden Hahnii'），株高仅 10 厘米左右，叶短而宽，回旋重叠，呈莲座状排列，叶面暗绿色，有横向灰白色斑纹，十分适合装饰书桌、茶几、窗台等处。

生长习性

虎尾兰性喜高温干燥的环境，是一种耐寒性较弱的植物，对于四季鲜明的地区或是北方寒冷地区，必须栽植于盆器中，冬季会更容易管理。由于它适应性很强，所以不必花太多的时间和精力去管理。繁殖也较为简便，适宜在春、夏两季进行。

栽培管理

生长适宜温度为 20 ～ 28℃。冬季温度低于 12℃，叶片就会出现表面起皱、腐烂、倒伏的现象，甚至还会造成整株死亡。为避免必须移入室内越冬，夜晚可在叶片周围包裹数张报纸，以抵御寒冷。如果有条件，也可放置在有暖气的居室，温度超过 15℃，仍可继续生长。

对光线的适应性很强，较耐阴，即使在光线较为荫蔽的环境下也能生长，但会影响叶绿素的形成，叶会呈现灰白色并且茎叶会长得较稀疏，降低观赏性。若是在阳光充足的环境下，抽生茎叶的速度也较快，一些金边品种的叶色会更富有光泽、靓丽。在盛夏日照强烈的环境下，叶绿素又会受光氧化而被破坏，容易出现褐色斑块，需要遮挡中午 10 时至下午 16 时间的日照，摆放在有竹帘遮挡的环境下较为理想。寒冷地区，冬季尽可能地选择朝南、阳光充足的房间。

仲春至秋季为生长旺季，待盆土干透后再浇灌水分，但浇则必须浇透，多余的水分会直接从盆底排水孔流出来。若是使用塑料盆或瓷盆栽植，必须在盆底多垫碎石砾，厚度为 2 ～ 3 厘米，利于排水、透气。另外，经常灌溉化学肥料会使土壤板结，浇水后不易渗透，容易造成“拦腰水”，即盆土表层是湿润的，表里及土壤底层却是干的，这样势必造成根系无法吸收到水分，影

响生长。遇到这样的情况，可以在平时多施有机肥，增加腐殖质，数月后便可完全改善土质，效果甚佳。隆冬至初春，温度较低，盆土保持稍干燥会比较容易越冬，此时的植株由于环境的不适宜，被迫处于休眠状态，内部细胞运动减慢，对水分的要求也低，要是浇水过勤，根系呼吸困难，就容易烂根死亡。或是整个冬季完全断水并从盆中将其取出，用废报纸包裹起来，放置在室内，待翌年春季重新栽植。

生长期可每月施放 1 ~ 2 次腐熟后的有机肥液或是使用氮、磷、钾营养成分均衡的化学肥料，两者最好交替使用。

栽培介质

对土壤要求不高，但是以疏松、排水性良好的灰褐色腐殖质壤土为最佳，可用腐叶土：园土：珍珠岩为 1 ：1 ：1 的比例混合后栽种。

换　盆

在适宜的环境下生长旺盛，容易出现植株与植株之间过于拥挤的现象，影响美观，每隔 2 年更换 1 次新鲜的栽培介质，更换时间以 5 月或 9 月，日平均温度达 15℃以上为宜，在这段时间内进行利于后期的服盆。若是在滤水层上覆盖一层壤土后，再加入少许骨粉作基肥，则效果更好。

更换后的陈土还可以继续使用。具体方法是用一个闲置的盆器将枯枝、落叶、动物残体及陈土等分层放入，再洒上少量的草木灰，压实后浇灌水分，每月翻动 1 次，使上下层混匀，加快腐熟。经 1 年后就能重新使用。

繁殖培育

家庭繁殖以分株法和扦插法为主。分株法：对四季鲜明的地区，如上海、杭州等地以及北方地区除早春、冬季外，其余时间均可进行。也可结合翻盆换土时操作。方法是将植株从盆中脱出，抖掉基部介质，挑选一些生长健壮的子株，用手顺着根茎处掰下或用消毒后的利刀将母株与子株之间顺势切离，若带有少量根系则成活率更高。栽植后，需放置在室外通风且能避雨的半阴处，在适温 20 ~ 25℃的条件下，30 ~ 60 天后便可生根抽芽。分株法适宜任何一个品种，而且对一些有金边、银边的品种还能

保持原来的性状，不会变为全绿的品种。扦插法：时间以夏、秋两季进行较为合适，选择叶表面无起皱、健壮的叶片，剪取叶片上的任何一段，长 5 ～ 7 厘米，在剪口处涂上草木灰，直插或斜插于湿润的壤土中或直接插于草木灰中，插入的深度约 1/2，在适温 20 ～ 25℃的环境下，1 ～ 2 个月后便会从基部长出新株，重新定植，转入正常的养护即可。此方法只适合普通的绿叶品种。

病虫害防治

虎尾兰很少有虫害为害，但要防止由真菌引起的病害和管理不当引起的生理性病害。虎尾兰炭疽病：褐色半圆形病斑常呈现于叶尖，表面有明显的轮纹，剪除病叶并用 75%甲基托布津可湿性粉剂 1 000 倍液喷洒，每隔 1 周 1 次，连续喷洒 2 ～ 3 次，在进入梅雨季节后，需常进行喷药防治。生理性病害：冬季受低温或遭寒风吹袭，栽培介质过于潮湿，引起叶片由绿色转为黄褐色，叶肉部分出现水渍状软腐，并散发臭味，整株倒伏，直至死亡。防治方法：提升室内温度或整株套上塑料薄膜，并严格控制浇水。若是栽培条件不允许，应该因地制宜地选择购买，不要盲目追求时尚。

小贴士

值得一提的是，很多书上都说“虎尾兰能释放氧气，能使空气更清新”，这样的说法并不完整。因为，虎尾兰是典型的 CAM 型植物（Crassulacean acid metabolism），即景天酸代谢植物。原产地的气候条件与地理环境决定了它们的生长环境长期处于干旱缺水，为了能正常的生长与发育，如果早上打开气孔吸收二氧化碳，释放氧气，会使体内的水分过快流失，所以必须在早上进行光合作用的光反应，然后分解水，产生氧气及累积能量，利用晚上打开气孔吸收固定的二氧化碳并释放剩余的氧气。要在夜间释放氧气，就必须将盆株早上放在阳光充足的地方。而对于长期放置在荫蔽或有人工照明的环境下，则不能进行有效的光合作用，也就不会释放氧气。

注释

景天酸代谢植物：叶片表面有较厚的角质层，叶肉细胞有很大的液泡，从形态与结构上对高温干旱有很强的适应性。

光合作用：植物利用光能、同化二氧化碳和水制造有机物质并释放氧气的生理过程。

花友心情

养花的玄妙之处与许多精辟哲理相似，其实就是一个做人的哲学，期间，我们懂得了与自然、生命的相处之道，学会了对自然和生命的关注与尊重，激发内心的博爱及仁善。于是，我们便会每天观察着她的变化，赋予她适合的阳光、水分、养分，让她充分绽放生命的热情，自己也与之一起慢慢成长，共享生命的喜悦。

Part 2

中型观叶植物

ZHONGXINGGUANYEZHIWU

肾　蕨

中文名：肾　蕨
别　名：蜈蚣草、圆羊齿、野鸡毛山草
科　属：骨碎补科肾蕨属

适合盆栽观赏的肾蕨，因其叶翠碧光润，经久不凋，形态自然潇洒，在工作之余回到家中，仿佛置身于大自然之中，放松身心，追求宁静、舒适的气氛。

原产地

肾蕨原产于热带亚洲和非洲地区的多年生草本植物，在观赏蕨类家族中属中型陆生蕨或附生蕨类。本属植物到目前为止约有 30 种分布于世界各地，我国有 5 种，以福建、云南、广东、广西、湖南、浙江与台湾等地分布居多。生于溪边林下或岩石缝中及附生于树干上。

形态特征

株高为 30 ~ 80 厘米，根状茎短而直立，下部有丝状的匍匐茎，向四周伸展，并生有许多不定根和近圆形的块茎，能发育成幼株，逐渐长成新的植株。草质叶片披针形，长 30 ~ 70 厘米，叶轴两侧由 45 ~ 120 对小羽片组成一回羽状复叶。成株叶背能生长孢子囊群，囊群盖肾形，成熟时自然散落，繁衍后代。

栽培种类

目前栽培较多的都是产自美国、墨西哥、巴西等地的高大肾蕨（*Nephrolepis exaltata*）的园艺栽培种，此种非常易变异，已有数百个栽培种被培育出。最为流行的就是1894年在美国波士顿被发现的第一个突变体，因此而命名为波士顿蕨（*Nephrolepis exaltata* 'Bostoniensis'），叶丛茂密，展开后呈拱形自然下垂，叶片为一回羽状复叶，羽叶较宽，长90～100厘米，叶缘波状起伏，叶尖则有些扭曲。但不会生长孢子叶，即不会产生孢子，只能以分株或走茎繁殖。配于编制的竹篮垂吊栽培，随微风轻轻摆动，绿影婆娑，别具风采。还有植株矮小，羽叶密簇而生，嫩叶黄绿色，观赏价值较高的皱叶波士顿蕨（*Nephrolepis exaltata* 'Teddy Junior'），株高30～50厘米，叶片为二回羽状复叶，羽片尖端急尖的细叶波士顿蕨（*Nephrolepis exaltata* 'Crispa'）以及密叶波士顿蕨（*Nephrolepis exaltata* 'Bostoniensis Compacta'），特征为羽叶比波士顿蕨更为密集，叶端具不规则波状形。这些品种都是目前花市的主流观赏种。

生长习性

好生于温暖、湿润和半阴的环境，略耐寒，但不耐低温冰霜。在空气湿润的环境下生长会更旺盛。在强光直射下，叶色会转为灰绿色缺乏光泽，无论是盆栽还是地栽，种植环境是栽培好肾蕨的主要因素。

栽培管理

生长适宜温度为18～25℃。栽培容易，生命力很强，对于盛夏30℃的高温也能忍受，但需要注意环境通风良好。在5℃以上即可越冬，南方温暖地区，可栽植于假山、裸露岩石的石隙间和水池旁等处。而在上海、杭州等长江入海口南岸地区以盆栽为宜，10月下旬起，可由室外或室内朝北的房间转入朝南的居室、阳台。北方寒冷地区，可根据气温的变化，更改摆放环境。

长期光线不足时，往往叶片瘦弱，容易枯萎，特别是一些园艺栽培种，表现会更明显，在春、秋两季可选择室外或室内光线明亮的地方。夏季室外栽培最好遮光70%，可选择放置于屋檐下。室内可选择朝东向窗台下，只有上午3～4小时的日照，正午至下午便成荫蔽之所。而对于朝西和朝北的环境，切不可选择，因为这两个方向，也只在午后有日照，而且盛夏期间，阳光照射强烈，会引起生理病害，叶面出现大小不等的褐斑。冬季至翌年初春时期，要充分接受日照。另外，长期置于光线较弱的地方生长，建议每2周置于有自然光环境下管理，但要逐步见光，给予一个

新环境的适应过程，环境的突变，会引起落叶。

夏季高温、少雨季节，要及时浇水以补充水分的不足。每次浇水都要浇透，不能仅仅用喷壶器在表面洒水，很容易造成表面湿润，实际土壤中并不含有充足的水分，长久之下植株容易萎蔫。气温高，空气湿润度则低，最好早晚对叶面喷雾数次，则生长会更旺盛。春、秋季待土壤表面开始干燥后，就可充分浇水。冬季室温低时要减少浇水，保持土壤稍干燥为妥。北方室内有暖气供应，维持在 15℃以上，可按夏季的方式浇水。

对肥料要求可根据植株的长势而定，抽叶时多施以氮为主的肥料，使叶色娇艳。叶片伸展时，施以磷为主的液态肥，有效地提供能量转化，刺激植株快速生长。为提高抗病性可在入秋后，增施以钾为主的肥料，这样效果会更明显。每次施肥的间隔不要太近，每月 1 ～ 2 次为好。当然，也可以用颗粒复合肥，直接撒于盆土表面。除此之外，北方地区水质偏碱，可在生长期浇灌硫酸亚铁溶液，浓度为 0.5%。

栽培介质

喜疏松、肥沃、透气的中性或微酸性土壤。盆栽介质选用以腐叶土为主加少量珍珠岩及苔藓混合配制。

换　盆

盆栽最好每隔 2 年翻盆换土 1 次，以春季 3 ～ 4 月为最佳时期。栽植时，盆底需多垫碎石粒或瓦片，利于排水，同时剪掉老叶，倒入新培养土重新栽植。

繁殖培育

可用分株和孢子繁殖等方法。只是孢子繁殖对园艺栽培种不适用，而且从播种至生长，周期长且生长慢。当然也可亲身体会一下，播种成功会感觉很有成就感。方法：取黑色已成熟孢子，撒播于经消毒的介质中，大约 2 个月后才能长出幼苗。若是成功的话，成就感油然而生。分株可结合春季翻盆换土时进行，直接将母株用手掰开后，以 2 ～ 3 丛为一株栽植于 16 厘米的盆器内，放置半阴处，保持湿润度，有新叶抽出后就可正常管理。也可直接用利刀切下近圆形的块茎，栽植于盆内。

病虫害防治

在栽培过程中，时常会有红蜘蛛的为害，发现后与其他观赏植物分开管理，避免遭受伤害。可用杀灭菊酯 2 000 ～ 3 000 倍液喷杀，药剂会进入红蜘蛛体内，破坏组织结构，导致中毒死亡，连续 10 天喷杀 2 ～ 3 次即可。

购买指南

一般都是在花市直接购买已上盆的成品，时间可在春、秋季。在选购时首先应看株形是否美观，长势是否健康，另外要留意叶背是否有潜在的病虫害，千万不要存在这样的想法，买回家后再用防病虫的药剂喷杀，对于虫害而言，只要温度适宜就会繁殖出好几代，而且还会感染其他观赏植物。而对于病害，在高湿的环境下会蔓延很快。所以，对于有病虫害的植株就不要选择购买。

小贴士

肾蕨叶片常常作为鲜切花的陪衬素材，在东西方插花艺术中都广泛应用，所以是世界上应用最广泛的栽培蕨类。

铁线蕨

中文名：铁线蕨
别　名：铁丝草、美人粉
科　属：铁线蕨科铁线蕨属

铁线蕨因其叶柄细长而坚韧，酷似铁丝而得名，俗名又称铁线草。属多年生常绿草本，为中、小型陆生蕨类植物。由于对光照要求不高，有明亮的光线就能生长良好，所以是观赏蕨类中最为常见的室内盆栽植物之一。

小贴士

种名（*capillus-veneris*）意为维纳斯的少女发丝，形容植株形态飘逸，四季常绿，非常适合于盆栽欣赏，用于点缀客厅、阳台或案头等处。

原产地

原产热带美洲、亚热带和东亚地区，该属约有200多种，我国则有30余种，分布于我国长江以南各地，北到陕西、甘肃和河北。世界温带其他地区也有分布。多生于阴湿斜坡山地岩壁上，还是我国暖温带、亚热带和热带气候区的钙质土和石灰岩的指示植物。

形态特征

植株高 15 ～ 40 厘米，根状茎横生，自根茎处抽出长 5 ～ 20 厘米的叶柄，紫黑色，具光亮，粗约 1 毫米，坚硬不易折断。深绿色的叶子呈卵状三角形，为二回羽状复叶，由扇形小羽片组成，近生于叶轴。孢子囊群肾圆形，生于在小羽片背面的顶端。

栽培种类

一般常见的观赏品种有鞭叶铁线蕨（*Adiantum caudatum*），小型陆生蕨。株高 15 ～ 35 厘米，根状茎直立。一回羽状复叶，由 15 ～ 30 对小羽片组成，簇生于基部。叶轴顶端常延伸成鞭状，顶端着地即可落地生根，长出子株。孢子囊群肾形，生于羽片背面。还有常配置于山石盆景，株高仅 5 厘米，叶形别致的荷叶铁线蕨（*Adiantum reniforme* 'Sinense'），又名荷叶金钱草。根状茎短而直立，深栗色叶柄长 3 ～ 14 厘米。单叶簇生近圆形，形似荷叶，孢子囊群沿叶缘分布。以及生于阳光充足的环境，喜酸性土壤的扇形铁线蕨（*Adiantum flabellulatum*），株高可至 25 厘米，根状茎直立。长 10 ～ 25 厘米淡绿色叶片呈扇形。以上 3 个品种都具有很高的观赏价

值，其中荷叶铁线蕨还有药用价值，具有清热解毒、利尿通淋的功效。

生长习性

性喜温暖、湿润和半阴通风的环境，忌阳光直射，喜明亮的散射光。怕寒，对越冬温度要求较高，北方寒冷地区栽培时，需入室越冬，待翌年4月下旬出房养护。

栽培管理

生长适宜温度为18～25℃。越冬最低温度宜在10℃，而在5℃下叶片就会受伤害，对低温更为敏感，0℃以下地上部分会全部枯萎。应选择较为温暖的房间或朝南向阳处摆放，必要时可用透明塑料薄膜连盆一起套上，以增加小气候内的温度，但中午温度升高时，可揭去。

夏季日照强烈会造成叶片枯黄，而长期缺乏自然光照射不能进行正常的光合作用，也会对生长不利。因此，6月上旬至9月下旬应放在室内朝东窗台边，隔着玻璃窗或竹帘接受上午3～4小时日照。春、秋两季没有阳光直射的半日照环境或置于室外灌木群下接受斑驳的日照。冬季选择背风向阳处即可。

10月至翌年4月，盆栽可在秋末后就逐步减少浇水，保持稍干燥较好，使其能正常休眠，度过寒冬。春、夏两季生长期浇水要充足，而且要保持较高的空气湿度，以70%～80%为宜，这样生长就越旺盛。可经常向叶片上喷水，并向四周环境洒水，来满足它喜湿润气候的生长习性，也可防止介壳虫的为害。而在工作之余，往往会没有那么多时间，

可以在盆底加一个浅盘，在浅盘上放满发泡炼石，也可用兰石替代，加水至发泡炼石的1/2，水分会随着空气的蒸发，提升空气内的湿度，创造一个潮湿环境的效果。

在适宜的环境下，生长较快，在营养生长期每隔半月浇灌1次营养全面的复合肥料，随灌溉水一起进入介质中，但肥液不要玷污叶片上，否则易造成叶片枯黄。

栽培介质

盆栽栽培介质以疏松、肥沃、含石灰质的壤土为好。选用含腐殖质较高的4份腐叶土、2份苔藓、2份珍珠岩，并加少许草木灰或磷矿粉混合配制，可以提供钙素营养，增加土壤中的活性钙含量。值得一提的是，若是施用石灰肥来提高钙质，不宜大量使用，否则会放出大量热量，对植株造成伤害。

换　盆

幼苗可每隔2～3年换土1次，成株苗以每年换土1次较好。时间不宜过早，4月下旬至5月较为合适。容器若是使用塑料盆栽植，需要注意的是由于盆底排水孔较多，要将碎石粒铺于盆底作排水层，厚度为2～3厘米。也可用兰石，但一般价格较贵。如果不作排水层，直接将土填上，长久之下容易堵塞排水孔。因铁线蕨喜钙，在种植时可用购买的袋装骨粉或自制的猪、牛、羊骨经高压烧酥捣碎后拌入介质内作基肥，然后再将植株栽植于盆内。暂放半阴处，待有新枝长出后，转入正常养护。

繁殖培育

可结合翻盆换土，对生长过密的植株进行分株繁殖。方法是将母株从盆中脱出，去除周围包裹的栽培介质，用手将其根茎掰开，以 3 ~ 6 个芽为一株，修去老化的根茎并对细长的根系短截，促进生长更多的须根，重新栽植于盆器内，但容器不宜过大，尤其是对刚入门的花卉爱好者而言，苗小盆大，水分不宜掌握。过多或过少的水分都会使叶片卷边枯焦，枯焦时，只要在节间处剪除即可，日后会重新长出。

病虫害防治

盆栽虫害以介壳虫居多，家庭栽培可用牙签将介壳虫一一剔除，数量居多时可用药物“蚧必治”稀释 750 ~ 1 000 倍喷施，以介壳虫发生部位为喷施重点。

购买指南

大多从花卉市场上购买盆栽成品植株，宜选择春季至夏季上市的盆株，长江流域及寒冷地区不要在秋、冬季选购，避免购买后与原生长环境的温差、光照相差太大，影响生长，致使叶黄脱落。买回家后，若是需更换盆器，应选择阴雨天或傍晚日落后进行，无论是选择换盆还是倒盆，都应将植株周围的介质轻轻压实，最忌出现盆内中空现象，即根系与新介质无法紧密结合，在今后生长过程中无法吸收养分和水分。另外，必须浇透水，直到盆内多余的水分排出后，放置在半阴环境下服盆 1 ~ 2 周。

一品红

中文名：一品红
别　名：猩猩木、象牙红
科　属：大戟科大戟属

每当圣诞节来临之际，一品红是一种随处可见的室内观赏植物，在家家户户的门口都会摆放数盆用来装饰或是在厅堂摆设在圣诞树周围，盛开时红如骄火，宛如一片红霞，为节日增添了不少喜庆和欢乐，随处弥漫着喜气洋洋的温馨气氛。因此，又被称为圣诞红。

小贴士

其英文名Poinsettia，是为纪念美国驻墨西哥第一任大使Joel Poinsett所命名的，在1828年由墨西哥带入家乡美国南卡罗来纳州。而在1900年，一品红的整年销售额远超越于同类的其他观赏植物。

原产地

俗名为“老来娇”的一品红，是大戟科大戟属多年生常绿灌木，原产于墨西哥及非洲热带地区，广泛栽培于热带和亚热带地区，在我国华南及西南温暖地区常作庭院栽培，寒冷地区多以盆栽观赏。该属（*Euphorbia*）约有2 000多种，是被子植物中特大属之一，遍布世界各地，其中非洲和中南美洲较多；我国原产约有66种，另外栽培和驯化14种，共计80种。多以药用而著名，特别是在我国有很多种类都是中草药，如学名为*Euphorbia pekinensis*的大戟及学名为*Euphorbia fischeriana*的狼毒；同时还有很多观赏植物，而一品红就属其中之一，还有银边翠（*Euphorbia marginata*）、铁海棠（*Euphorbia milii*）等；另外，学名为*Euphorbia lathyris*续随子的种子还是世界性的栽培油料，有替代石油的潜力。

形态特征

茎直立光滑，含乳汁，多分枝，高度约80厘米，通常老枝淡棕色，嫩枝淡绿色，枝条的每个节间处只抽出一片叶子，长6～25厘米，卵状椭圆形，先端急尖，基部渐狭，叶缘具波状浅裂。苞片5～7枚，进入寒冬腊月时，苞片逐渐转为深红色，顶端长出许多金黄色小花，观赏期之久，可至翌年4月。

栽培种类

现今的园艺品种约有100种之多，经改良的栽培种有苞片为乳白色、粉色、橙红色、淡黄色以及条纹状等多种。种类也有从高性种变为矮性种，如‘FestivalRed’、‘PetoyRed’、‘SuccessRed’、‘Pichacho’等。还有观赏价值较高的重瓣一品红（‘Plenissima’），特征为除总苞片变成花瓣状外，雄蕊和雌蕊也退化成花瓣状叶片，形状较宽而短。

生长习性

性喜温暖湿润、凉爽的环境，较耐高温，但不耐严寒、不耐干旱。一般只适合于盆栽观赏。

栽培管理

一品红需要栽种于阳光充足的环境。由于对水分要求较严，栽培介质过湿，会引起根茎腐烂，过干则会导致植株基叶发黄脱落，枝条生长不良，不耐严寒低温，冬季要移入室内，细心照料，属于较难栽培的观叶植物之一。

春季5月，气温逐渐回升，一品红生长加快，最适宜的生长温度为日平均温度20～25℃。每年10月中旬霜降前，进入室内养护，在保持通风流畅的同时，还要植株免遭冷风吹袭。随着气温逐渐下降至10～15℃时，就应采取防寒保暖措施，中午可放置在室温较高的朝南向阳处，夜晚则要远离窗台边，以免昼夜温差太大引起叶片蜷缩、枯黄脱落。若是室温能维持在15～17℃，可以增加苞片的色彩。

5～9月的生长期需充分接受光照，应放置在室外日照充足的地方，有效地进行光合作用，促进枝叶充分生长。同时，自然光中的紫外线还具有抑制节间过长的作用，如果长期置于室内栽培，紫外线通常会被玻璃窗反射，进入室内较少，引起枝条徒长的现象。但在盛夏6月上旬至9月下旬，光照较强烈，还需架设遮阳网或摆放在树荫下，遮挡阳光，减轻日照对叶面的伤害。从10月上旬起，营养生长逐渐转为生殖生长，需6～9周的时间，苞片由原来的绿色逐渐转为深红色，夜晚低温下，还会使苞片发育和转

色变慢。正值 12 月中旬至翌年 4 月，是苞片观赏的最佳时期，搁置在既有日光照射，又能保暖的地方。

从 5 月起，枝叶就开始萌发，栽培介质就要保持湿润，有利于根系的生长。进入夏季高温后，植株生长旺盛，需水量也大，在高温干燥季节，土温较高，介质蒸发量大，容易失水干燥。盆栽容器小，要避免植株脱水，形成旱害。早晚各浇水 1 次，时间以清晨 7 时及傍晚 19 时为宜。长江入海口南岸地区，进入梅雨季节，要防止盆内介质过湿或引起积水，不能及时将多余水分排出，停留时间过长，会因通气不良而妨碍生长。冬季，低温下要严格控制浇水，介质可稍偏干燥，若是室内有暖气设备，并且高于 15 ～ 20℃，栽培介质仍需保持湿润较好。

一品红需肥量大，盆栽容易产生肥分流失。5 ～ 9 月为枝叶生长期，每隔 10 天灌溉 1 次经稀释后的液态肥，建议氮肥和钾肥的比例为 1 ： 1。大约在 10 月份进入花芽分化期，改用以磷、钾为主的液态肥，每隔 10 天灌溉 1 次，并且与钙肥交替使用。待苞片完全转色以后，即进入室内观赏，可完全停止施肥，以防苞片提前凋谢。

修 剪

为保持株形美观、控制植株高度、多长分枝，生长期还需进行摘心，在摘心后的 15 天内，向植株及周围环境多喷雾，尽可能地保持较高的空气相对湿度，会更有利于侧枝的生长，或是通过使用植物生长调节剂进行处理，在摘心后尽可能早地喷施 0.15% ~ 0.25%的 CCC，当新生枝条长度超过 5 毫米时，即使喷施了效果也不好。可间隔 1 周重复使用，在使用后必须遮阴 1 天。10 月花芽分化期，停止使用。

栽培介质

选择适当的栽培介质也是养好一品红的关键之一。生长介质不带病原菌、排水良好且有足够通气性，具团粒结构较稳定的介质，能为植株根系生长提供良好适宜的环境。盆栽可用 50%泥炭土、30%珍珠岩、10%蛭石、10%木屑的比例混合配制，但需要注意使用木屑需经充分发酵后方可使用。栽培介质的pH应控制在5.5～6.5，用简单的方法就可测定。事先配制好的介质，取部分放入蒸馏水中搅拌至沉淀后，用pH试纸即可测出，若pH不合适时，可加入硫酸亚铁降低pH或加入农用消石灰以提高pH。

换盆

盆栽可在春季4月清明前后进行换盆，剪除枯根及盆壁周围盘绕的细根，抖去1/3的陈土，并对枝干进行重剪，每个枝干基部只保留2～3个芽，其余枝条均剪除，以促进新芽的萌发，重剪时切口处会流出乳白色汁液，涂上草木灰即可。重新栽植于盆内浇透水，放置在半阴环境下，服盆10天后，转入正常养护。

繁殖培育

繁殖以扦插为主，可在4月翻盆换土时，结合修剪下的枝条进行扦插。或是在梅雨季节湿度较大的气候条件下进行。插穗宜选择发育充实、营养物质丰富的枝条，这样的枝条内积存养分较多，特别是碳水化合物的含量，将直接影响成活率。插穗长10～15厘米，切口要平滑，上端在芽上方1～2厘米处，下端在芽的下方1厘米处。因一品红扦插较容易成活，所以下端切口选择平口，这样生根较多，而且分布均匀。插于介质中，深度为枝条长度的1/2～2/3。扦插后应立即浇足水，放置在半阴的环境。日后管理中，应经常保持介质和空气的湿度。

病虫害防治

环境条件不适宜或管理不当，常会引起一些生理病害，主要表现：①栽培介质过干、强光或肥料过浓，引起叶片伸展时形成变态叶，长成畸形叶。②在强光下对叶面喷水、肥料过重或施放生肥，引起叶片表面出现褐色斑块，苞片边缘腐烂至蔓延整个苞片。

由于真菌引起的一些病害：①丝核菌引起的根腐病。主要表现为栽培介质表面接触的茎部最易被感染，感染部位出现褐色斑块，若不及时清除将会扩大至整个根部。可用甲基托布津1 000倍液喷洒。②灰霉病。是一品红栽培中最常见的病害，在整个生长季节都可能出现，被感染的叶片会呈现水渍状椭圆形棕色斑点，并导致叶片枯焦脱落，在高湿的环境下最容易发生，必须保持通风流畅。发病时，摘除病叶，并用75%多菌灵可湿性粉剂1 000倍液喷洒于叶片正反面，每隔10天1次，连续2～3次。③白粉病。多发生在春季，表现为嫩叶扭曲，叶片表面出现白色粉末状物，形似霉状物，受感染的组织逐渐坏死，而且感染后会迅速蔓延，需及时防治，定期喷施杀菌剂可有效地控制此病的发生，发病期摘除病叶，用代森锰锌、粉锈宁或0.5波美度的石硫合剂等药物防治。

夏季高温时，还需要防止白粉虱的为害，通常以嫩叶背面产卵较多，群集在叶片背面吸吮汁液，使叶片色泽泛黄，最后枯萎脱落，不能有效地进行光合作用，严重影响生长，降低观赏价值。由于该虫繁殖较快且不惧水，但会为亮黄色所吸引，可使用黄色有黏性的诱虫板捕获。也可以使用粉虱净、氧化乐果等杀虫剂喷洒，因氧化乐果毒性较大而且味刺鼻，不宜在室内使用。

购买指南

选择株形矮壮、丰满，苞片新鲜，并处于同一平面上的健康植株，且各分枝的基叶没有发黄、脱落的痕迹。

花友心情

养花是充满乐趣的。看到自己精心浇灌的花儿一天天地成长，绿油油的充满生机，会给人一种生命欣欣向荣的感染力。每看到长出一个新芽，总有一阵欣喜，倍觉生命是美好的，生活也是美好的，只要你拥有一种和善乐观的心态，花儿会很美，你也会更美。

菜豆树

中文名：菜豆树
别　名：山菜豆
科　属：紫葳科菜豆树属

四季都可在室内欣赏其碧绿油光的叶片。近几年已成为世界著名观叶植物新秀的菜豆树，为紫葳科菜豆树属直立小乔木。

原产地

主要产于我国台湾、广东、广西、贵州、云南等地。生于山谷或平地疏林中，海拔340 ~ 750米。亦见于不丹。

形态特征

二回羽状复叶对生于枝条两侧，叶轴长约30厘米，卵形至卵状披针形小叶长4 ~ 7厘米，宽2 ~ 3.5厘米，排列于叶轴的左右两侧，成羽毛状，顶端尾状渐尖，基部阔楔形，全缘，侧脉5 ~ 6对，两面均无毛。炎炎夏日的夜晚，呈钟状漏斗形的白色小花盛开于枝丫上，秋去冬来，果实呈蒴果条状垂挂于枝头，形似菜豆，故有山菜豆之美称。在我国云南地区，还因此称之为豇豆树。

栽培种类

同属的海南菜豆树，学名为*Radermachera hannanensis*，其树干纹理通直，结构细致而均匀，暗红棕色而且耐腐，为优良的家具和美工材料，适作农具、车辆、建筑材料。还有生于低海拔至中海拔疏林中，产于广东的美叶菜豆树，学名为 *Radermachera frondosa*，枝叶常供绿肥之用。可有效防止水分过快蒸发，而且还能提高土壤肥力。

生长习性

菜豆树由于性喜高温，不耐寒，我国北方地区和长江入海口南岸地区，冬季很难在室外越冬。对新环境的适应能力很差，经常改变栽培环境，将会大量落叶，而对光照、水分、温度等气候因子也要求较苛刻，是一种较难栽培的室内观叶植物。所以栽培环境是决定养好菜豆树的主要因素。

栽培管理

生长适宜温度为 20 ～ 30℃。在 20℃时枝叶开始萌发，要小心枝丫上的嫩叶或嫩茎上常被黄色、绿色或黑色成群结队的蚜虫密集吸吮汁液，也称为腻虫，如不及时消除，会造成叶子向内卷曲，数日后就成一片枯黄。因此，一旦发现即可用鱼藤精 1 000 ～ 1 500 倍液喷杀。气温超过 30℃时也无妨，但要适当遮阴。只是对低温较为敏感，夜间温度维持在 10 ～ 15℃较为适宜，在生存最低温度 8℃时，会被迫处于休眠状态，生理活动处于停滞状态，以度过不良气候。最好能采取防寒保暖措施，尽可能放置在朝南向阳处，而在中午室温较高时，要开窗通风，保持新鲜空气对流，以免温度过高，室内闷热，叉枝处滋生红蜘蛛和介壳虫。

对日照要求较高，日照不足会造成枝叶徒长，组织柔

软，叶色发黄变淡，还会引起落叶，严重影响观赏。所以，每天必须保证4～5小时的自然光照，若是室内环境不能满足，就应考虑摆放的位置，尽可能地放置在朝南、朝东、朝西的环境下。连续阴雨天，最好额外用40瓦的日光灯，进行人工补光。夏季6月上旬至9月下旬，加盖遮阳网或铺设竹帘，以创造半遮阳的环境，避免强烈的直射光照射，上午10时至下午16时遮盖，其余时间可揭去。

性喜湿润。在5～9月生长旺盛期，待土壤表面干燥时，及时补充水分，浇则浇透，直到盆底排水孔流出多余的重力水，但栽培介质需保持排水良好，最忌盆土积水或长期栽植于水中。如果土壤中水分过多，不能及时排出，则土壤中空气减少，会阻碍根部呼吸作用的进行，一旦根毛失去吸收水分的能力，叶尖就会出现发黑枯焦的现象，甚至还会使整株死亡。冬末、初春，即10月至翌年4月，气温较低，应保持稍干燥会比较容易越冬，但也不能过分干燥，尤其是在室内有暖气供应的北方地区，多留意盆土的干湿度以及适当提高周围环境的空气相对湿度，会更有利于植株生长。

生长期，每隔1个月追肥2～3次可溶性液态肥，及时提供生长发育过程中所需要的养分或选择颗粒状控释性肥料撒于盆土表面，按植物整个生长期吸收养分的规律，让肥料慢慢释放出多营养成分供持续吸收利用。冬季气温低，吸水、吸肥能力下降，处于休眠期，不用再施肥。若是新栽植，至少需等待4个月后，植株恢复生长，并且适应新环境后，才可施肥。

修　剪

盆栽可在 5 ～ 9 月生长期间多加修剪，促使剪口下叶腋萌发，长出更多的分枝，形成姿态优美的树冠。修剪时应注意叶芽的位置，留芽的方向将决定今后长出枝条的位置。在内侧枝分布均匀的情况下，应多留外侧芽，枝条多向外方生长，形成茂密的枝叶。

栽培介质

盆栽选用疏松肥沃、排水透气良好、富含丰富有机质的培养土为佳。通常用 5 份园土、3 份腐叶土和 1 份珍珠岩混合配制，并在盆土中均匀撒上少许腐熟的有机肥与部分不易损失的无机肥料配合作基肥使用，也称为底肥，能提供整个营养期的养分。生长季节每 2 周松土一次，确保土壤始终处于透气良好的状态。

换　盆

植株生长多年，使土壤中的有机质趋于枯竭，有机质含量过低，土壤的物理性质也开始变化，干扰能力也会下降，已满足不了生长的需要，必须补充新土。在换盆时，握住枝干把花盆侧过来放，取出后去掉边缘及底部陈土，尽可能地减少对主根的伤害，填入新土压实以免根系间有缝隙无法吸收水分，重新栽入大一号的盆器内，浇透水后，搁置于半阴环境 8 ～ 10 天，待服盆期过后可逐步移至有阳光处，转入正常养护。

繁殖培育

迷你型和中型盆栽一般不会开花结籽，因此，家庭繁殖多采用扦插法进行。扦插繁殖就是利用植物营养器官具有再生能力，长出不定根的性能，切取根、茎、枝、叶的一部分，插入介质中。菜豆树则通过剪去枝条，使之生根发芽，成为新株。其优点能有效地缩短生长周期。扦插通常分为休眠期扦插和生长期扦插。菜豆树多在生长期扦插，也可结合修剪整形时进行。时间以5月下旬至6月中旬为宜，选取当年生枝条，具有3～5节，长10～15厘米，将下部叶片全部摘去，仅保留上部和顶端叶片2～3片，下端切口剪成马蹄形，目的是扩大切口与土壤的接触面，利于养分和水分的吸收，提高成活率。切口应在节下0.5厘米处。深度为枝条长度的1/3～1/2，扦插完后浇透水，放于半阴环境下，平日注意留心盆土的湿润度，天气晴朗干燥时，可用喷雾器每天向枝条喷雾2～3次，减少水分蒸发。在室温20～25℃下，20～30天后即可生根。

购买指南

通常可以在花卉交易市场上购买到迷你型及中型的盆栽株苗，选购时应注意株形的美观，以低矮紧凑、丰满型、枝叶青翠光亮为优，但要注意观察叶面，是否因喷洒过叶面光亮剂而呈现出的光泽，辨别的方法是将枝叶放入盛有清水的容器中，水面即时浮现出数朵油花便是。数日后，便会逐渐返回原来的色泽。另外，花商多以幸福树、麒麟紫葳、辣椒树等商品名出售。

绿肥：通常是指能用作肥料的植物体。

小贴士

其属名 *Radermachera* 是为纪念已逝去的荷兰植物学家(J.C.M. Radermacher)。20世纪80年代，菜豆树作为室内观赏植物被引入欧洲，取名为 Emerald Tree。种名 *sinica* 意为产于中国。

高达10米的菜豆树，后期经人工驯化培育成姿态优雅且小巧的观叶盆栽。配上色彩素雅的小陶盆，更能衬托出植株的枝叶形态，摆放于书桌、案头、床头旁，居室气氛便也雅致了许多。除作为观赏外，其根、叶、果均可入药，不仅可凉血消肿，治高热、跌打损伤、毒蛇咬伤等，而且还能治牛炭疽病。木材黄褐色，质略粗重，年轮明显，可供建筑用材。

花友心情

赏花是享受，而养花更是享受。初时，看别人养花都很容易，不就是平时浇些水、施些肥嘛，自己养起来却发现枝叶不那么茂密，色泽也不靓丽，甚至出现枯萎。久后才知养花不是一门简单的学问，不同的花儿须有不同的生长环境。养花的过程，有过期待、有过担忧、也有过失望，但却让我学到了很多知识，而且感到其乐无穷。

旱伞草

中文名：旱伞草
别　名：伞　草、台湾竹
科　属：莎草科莎草属

原产地

旱伞草原产于非洲马达加斯加，为莎草科莎草属多年生常绿草本植物。该属（*Cyperus*）约有550多种，广泛分布于森林、草原地区的大湖中，以及河流边缘的沼泽中。我国有30多种，南北各地均有栽培。盛夏季节，会从伞顶盛开白色至黄色的小花。

形态特征

植株高60～160厘米，根状茎短、粗大，须根坚硬。株丛茂密，茎秆粗壮，直立生长，近圆柱形，无分枝，叶退化成鞘状，棕色，包裹在茎秆基部。总苞片叶状，长而窄，近等长，10～20枚，聚生于茎秆的顶部，呈辐射状均匀伸展，似轮状排列，极目远眺，宛若一座座傲风挺立的风车，在风中不停地摇曳，在人们的视野里构成一幅动静协调、相得益彰的画面。因此，又被称作风车草。夏季开花，小花序穗状扁平，生于苞片顶部，由20多个小花穗组成大型复伞形花序，非常均匀地排列在苞片之间，小花白色至黄色，种子成熟后自然脱落。

栽培种类

主要种类有原产埃及、西西里岛的纸莎草，学名为 *Cyperus papyurs*，又称纸草、埃及莎草、埃及纸草。茎圆柱形，茎顶为伞状，纤细如发丝，亮绿色，下垂，姿态轻盈，十分清雅。另外，时常作为高级切花配料的畦畔莎草（*Cyperus haspan*），原产亚洲、大洋洲。植株高 30 ~ 60 厘米，茎三角形，短截放射状，成株能开花，花黄褐色。还有一些栽培变种，如矮型旱伞草，学名为 *Cyperus alternifolius* ‘Nanus’，植株低矮，高仅 20 ~ 25 厘米，总苞伞状，直径约 10 厘米。以及茎秆和苞叶镶有白色线条，若是环境过于荫蔽，容易出现返祖，变为全绿。

生长习性

性喜温暖，好生于半阴、湿润的环境，略耐寒，耐阴性较强。一年四季均可放于室内盆栽观赏，在管理上要避免介质过分干燥。也适合露天栽植在庭院假山旁，但在寒冷地区，冬季地上部分会枯萎，翌年回暖后会重新生长。

栽培管理

生长适宜温度为 20 ~ 28℃。冬季盆栽应在 5℃以上的环境，适当控制浇水，能安然过冬并保持茎叶常绿。

旱伞草比较耐阴，可经常置于室内光线明亮处观赏，选择朝东窗台较为理想。当然，也可放置在室外树荫下或置于紫藤架下，但盛夏高温应避免强光直晒，以免苞片发黄、枯尖，影响观赏。若是庭院地栽也要时时注意环境的日照强度，强度过大，可用竹帘来遮光。

不喜欢干旱的环境，较耐水湿。因此，栽培时基质应经常保持潮湿，宁湿勿干。也可直接水养，所以也叫水竹、水棕竹。配以中性色彩的紫砂盆，用鹅卵石或山石压住根部，不让其倒伏，然后放入清水中即可。春、秋两季每隔 3 ～ 4 天更换一次水，而夏季则每隔 1 ～ 2 天需换水，以防止滋生蚊子，产生绿藻。冬季，可每隔 5 ～ 6 天更换一次水，水温与室内温度相仿会比较好。或是连盆一起栽植于水池中，配以假山石隙，远远望去，株丛繁茂的旱伞草静静地竖立在地平线上，就像是阳光下张开的一张张绿色的阳伞，朵朵伞花连成一片，在微风中又形成一阵阵波浪般的涟漪，煞是好看。

夏、秋两季为生长旺季，每隔 15 天施肥 1 次，可用尿素溶液直接灌溉于根部，浓度为 1 克肥 ： 1 千克水。时间宜在日落后进行较为合适。第二天清晨再向盆土浇灌一次清水，以促进根系吸收肥分。

栽培介质

栽培介质

适合于疏松、肥沃、保水性好的土壤，盆栽可以用园土加入15%的煤渣调制后，作为栽培介质。

换 盆

旱伞草生长速度快，代谢旺盛，萌蘖力强。盆栽每年清明后，需进行翻盆换土，剪去2～3年生的老枝条，除去1/3的陈土，不要过多的伤害根系，栽入大一号盆内，浇灌定根水，待服盆1周后即可。

繁殖培育

繁殖可用播种、分株和扦插法。由于盆栽不易开花结籽，因此一般家庭盆栽很少用播种繁殖，多以分株和扦插法为主。分株：时间以春季4～5月或秋季9月进行较为适宜。无论哪一种栽培方法，盆栽或是连盆浸于水中栽培，分株前，盆土可略为干燥些，这样株苗容易从盆钵取出，然后用利刀在空隙处切下。或是将取出后的植株浸于水中，抖去部分栽培基质，这样即使用手指从根际处轻轻拉开，也会更容易些。扦插：可在5月份进行，选择健壮、充实而无病虫害的顶端芽，在茎秆下保留0.5～1厘米的短柄。然后把细长的苞片剪短至2～3厘米，切不要全部摘去，否则既影响光合作用，也不利于生根。插于湿润的基质内，基质可用沙质壤土，也可用泥炭土，但成本较高。扦插时，必须使叶盘紧贴土面，可用小砖块压在叶盘上，多喷水并用塑料袋套住盆口。放于室外通风庇荫处，经20～30天就会发根萌发新芽。当茎秆长至10～15厘米高时，并出现苞片，即可定植。

袖珍椰子

中文名：袖珍椰子
别　名：袖珍椰子葵、矮棕
科　属：棕榈科袖珍椰子属

袖珍椰子是一种生长缓慢且容易管理的室内中、小形盆栽观叶植物，其株型与棕榈科椰子属的其他植物相比，株高竟不到1米，株形秀丽且娇小可爱，故又名矮生椰子。用它来点缀客厅、书房、茶几或楼梯拐角处，不仅能使室内增添生机盎然的气息，而且能创造一个安宁、优雅、静穆的环境。

原产地

原产于墨西哥热带雨林地区及危地马拉的袖珍椰子，为棕榈科袖珍椰子属常绿矮生小灌木，本属（*Chamaedorea*）全世界约有120种之多，主要分布于墨西哥与中美洲地区。

形态特征

袖珍椰子株高为25～35厘米，亮绿而富有光泽的茎秆通常直立，不分枝，茎细长。叶为羽状全裂，由枝顶处抽出，小叶呈宽披针形，四季常绿。春季3～4月份，肉穗状花序从叶腋中长出，开出黄色小花，雌雄异株。花后果实卵球形或近球形，成熟时橙红色。

栽培种类

在花卉交易市场上也能常见到，原产于危地马拉、洪都拉斯的裂叶玲珑椰子，学名 *Chamaedorea erumpens*，株高可达 2 ～ 4 米，茎秆细长，形似竹节，又名竹茎椰子。羽状复叶 10 ～ 20 片互生于茎干，且耐阴性强，是一种观茎观叶的室内盆栽植物。还有富贵椰子（*Chamaedorea cataractarum*），原产墨西哥。茎秆丛生且短矮。羽状复叶顶生于茎干，小叶数达 26 ～ 32 片。较耐寒，适合于盆栽观赏及庭院栽培。

生长习性

性喜温暖、湿润半阴的环境。由于耐阴性强，只要置于光线明亮的地方，就可长时间观赏。但却畏惧寒冷，对于寒冷地区冬季必须移入室内越冬。

栽培管理

生长适宜温度为 20 ～ 30℃。忌高温，在气温高于 35℃的情况下，阻碍了根系的生长，被迫处于休眠状态，盆栽应及时调整摆放的环境。冬季，气温低于 10℃时，就应采取防寒措施，夜间尽量不要放置在朝北的窗台较近处。

全年都可处于光线较明亮的地方生长，盆栽于 6 月上旬至 9 月下旬，不宜接受正午强光直接照射，需采取遮阴措施，遮阴一般可通过架设竹帘或移置通风的朝北房间内。这样，不但能有效地降低地表温度，而且还能防止植株遭受日灼危害，引起叶片发黄、叶尖枯焦等现象的发生。我国南方温暖地区，即使是地栽于庭院内，也应选择乔、灌木群下或铺设遮阳网。

春、夏两季为植株的生长旺盛期，与其他观叶植物一样，需要大量的水分供应，盆土表面出现干燥时，应及时补充水分，直到托盘内有多余的水分流出。若是经常出现浇水后，无法正常下渗，就应考虑更换富含有机质较多的土壤，不但可以改善土壤的

通气性和透水性，而且还能加强植物呼吸过程，提高细胞膜的渗透性，促进养分迅速进入植物体。冬末、初春，温度较低的情况下，栽培介质可稍干燥并把托盘内的水分倒去，严格控制浇水，此时植物的生理代谢较慢，完全处于停滞生长。过分湿润，容易造成根系腐烂，严重时出现死亡。除此之外，还应注意在高温干燥的环境下，需多向植株及周围环境喷水，提高空气湿度。同时，防止介壳虫的为害，数量不多的情况下，可直接用酒精棉擦拭 2 ~ 3 次，即可完全消除。

生长期每隔 10 ~ 15 天追施以氮为主的肥料 1 次，入秋后，则停施氮肥，过多的枝叶生长，由于尚未成熟，不利于越冬，可适当补充磷、钾为主的肥料 1 ~ 2 次，提高抗寒能力，可用浓度为 0.1% ~ 0.2% 的磷酸二氢钾溶液直接喷洒于叶面上。

栽培介质

对土壤要求不严，但以排水良好、肥沃、疏松的壤土为佳。室内盆栽可用腐叶土、园土加 1/3 的珍珠岩配制成的培养土。

换 盆

植株生长 2 ~ 3 年后，根系从盆底排水孔内穿出，原有的盆器已不能满足其生长，就需要翻盆换土了。时间以春季 4 月上旬左右较为合适，将植株从盆中脱出后，去掉底部一些介质，并对根系进行修剪，去除约 1/2 的根系，促发新根的生长，同时疏剪基部枯黄的枝叶。重新栽入大一号的盆器内，填上新介质，并用手在周围压实，不要出现中空的现象。浇透水后，放置在半阴环境下，服盆 1 ~ 2 周后，转入正常养护。

繁殖培育

繁殖可用播种和分株两种方法，而一般家庭繁殖多采用分株法。分株多于春季进行，也可结合翻盆换土时一起进行。具体方法，植株脱出盆后，抖去部分介质，找出根茎连接处，用刀切成若干个小株丛，分别进行栽植，以 2 ~ 3 株为一丛，但一定要保留较完整的根系，这样有利于后期的生长。上盆时，左手扶住小株丛，右手将新介质缓缓填入盆中，同时轻轻压实，直到盆面留出 3 ~ 5 厘米为止，浇透水后置于半阴且通风良好的环境下服盆，在此期间不要施肥。

花友心情

我每天都像小时候做功课一样，记下温度、湿度变化，养花的同时还增长了不少气象知识。遇上高温天，清早起床，就会急急忙忙地去给她们浇水，怕晚了太阳升起时会晒弯了她们的腰；出门时，禁不住还要去看一眼。平时经常翻看些植物花卉方面的书，再结合自己的实践，我有了意外的收获：雨后给她们喷些农药，可使她们免受病虫危害。看着她们茁壮成长，我想，这就是我对她们辛勤照料的回报吧；看着她们美丽的身影，深深地体会到乐在养花中。

亮丝草

中文名：亮丝草
别　名：粗肋草、粤万年青
科　属：天南星科亮丝草属

原产地

在世界上众所周知的亮丝草属植物大约有50多种，原产于热带亚洲地区，大多分布在菲律宾、马来西亚、印度、泰国。常生长于树荫下，在低海拔地区较常见。

形态特征

株高30～50厘米，叶有长椭圆形、长卵形或披针形，叶柄基部鞘状，植株多呈直立性，叶面随品种而不断变化，常有不同的斑纹、斑点镶嵌之中。栽植3年以上的成龄苗才易开花，单性花，佛焰苞花序，黄绿色，结橘红色或鲜红色浆果，每果有一粒种子。

栽培种类

目前栽培较多的园艺品种，有原产马来西亚的白肋亮丝草（*Aglaonema costatum*），叶深绿色，沿主脉两侧具白色条纹；银后亮丝草（*Aglaonema commutatum* 'Silver Queen'），叶面具银白色大斑块，叶柄为深绿色；叶披针形，深绿色，具米黄色斑点，叶柄白色的白柄亮丝草（*Aglaonema commutatum* 'White Rajah'）等品种。

生长习性

喜爱温暖、高湿的环境，最怕盛夏强光和冬季严寒低温，所以盆栽栽培较为合适，可用盆径为 15 ～ 20 厘米的盆栽植 1 ～ 2 棵。

一般可在花市直接购买盆栽苗，在选购时需和另一种观叶植物黛粉叶相区分，两者比较起来，亮丝草株形较小，为中、小型种，叶宽相对较窄。

栽培管理

生长适宜温度为 20 ～ 28℃。受不住天寒，对低温较为敏感。气温低于 12℃时，叶片就易受寒，会造成细胞组织坏死，出现黄褐色斑块，并会逐步扩大，至整片叶子发黄脱落。

亮丝草喜欢全年处于光线明亮的环境，但切忌阳光暴晒，否则易使叶片向上内卷，叶尖焦黄。盆栽可在 10 月下旬至翌年 4 月，放置在朝南日照充足的窗台边管理。4 月中旬，待气温逐渐回升到 15℃，可移至室外通风半阴处栽培。但遇夏季 6 月上旬至 9 月下旬光照强烈时，盆栽只能接受清晨和傍晚时分的日照，或是置于散射光处。

夏、秋季是亮丝草的生长旺盛时期，需保持充足的水分，触摸表土一旦出现有干燥感，就可补充水分，直到盆底孔排出多余的水分为止，忌用喷雾器在介质表面洒水。北方地区，家中有地暖，水分蒸发快，土壤容易干燥，需特别注意。

生长期外，除每隔半月施肥1次外，还要薄肥勤施，促其迅速生长。追肥主要以氮、磷混合的液态肥为主。夏季酷暑气温超过32℃，最好不要施肥。北方地区，还应定期灌溉浓度为1 500倍的硫酸亚铁溶液。但不要用喷施的方式，以免叶面留下浅黄色斑块，影响其观赏价值。冬天必须停止施肥，以防造成伤害。

修　剪

每年春季，应勤摘除因新陈代谢而枯黄的枝叶。以观叶为主的亮丝草，即使有开花迹象，也需提早将其摘除，若任其生长会耗去过多的养分，需特别注意。

小贴士

亮丝草暗绿色的叶面上有不同的叶斑，有银色、白色、亮绿、青绿、灰等斑纹，借以其他花草作简单搭配，放置在窗台边，能让居室变得清凉舒爽，更显清秀、洒脱。即使在室内光度只有100勒克斯的阴暗环境下，仍能正常生长，便是她深受众人喜爱的原因之一。不仅如此，还对净化室内空气悬浮粒子有显著的效果，在欧美地区已把亮丝草作为备受欢迎的观叶植物之一。

栽培介质

适生于肥沃、疏松的微酸性介质中。盆栽可用4份腐叶土或泥炭土、4份园土、2份椰糠混合配制而成。这样的配制无论是今后移植、换盆还是繁殖，都最为理想。

换　盆

盆栽2～3年，植株生长过密，过于拥挤，出现头重脚轻现象。4月中旬是换盆的好时机。换盆时，将植株从盆中挖出，修去沿盆周围烂根，植入比原盆大一号的新盆内，填入新介质补满空隙，用手压实，不要出现中空现象。浇灌定根水后，服盆1周。

繁殖培育

常用分株和扦插繁殖。分株可结合换盆时进行，把母株从花盆中取出，握住根部的位置，用手将植株左右分开即可，若根系缠绕，用刀刃垂直将茎基部切割成两部分，除去凌乱断裂的根系，在切口处涂上草木灰，以免伤口感染，再分别植入新盆内，新栽的植株由于根系受损，恢复期较长，需要小心翼翼地照顾。扦插法可于每年春、夏两季进行，选取8～10厘米粗壮的茎进行插穗，保留顶端枝叶，并带有3～4个隐芽。可选择排水良好的泥炭土作为扦插介质，插入介质的部分应为枝条长度的1/3，后期管理中保持介质湿润，室温保持在25～30℃，约一个半月即可生根。也可将茎切成数段，插入介质中。

病虫害防治

常伴有细菌性叶斑病和炭疽病的为害。细菌性叶斑病常表现在叶缘出现半圆形黄白色病斑，病叶呈破碎状。可用30%氧氯化铜悬浮剂800倍液，每隔10天向叶子正背面喷洒1次。炭疽病主要为害叶片，叶尖处呈半圆形病斑。及时剪除病叶并用40%百菌清可湿性粉剂1 000倍液喷洒1～2次。

花叶芋

中文名：花叶芋
别　名：彩叶芋
科　属：天南星科五彩芋属

多年生草本植物，叶面色彩斑斓，品种变化丰富的花叶芋，原产美洲亚马孙河沿岸、巴西等地，约有16种。

形态特征

属天南星科多年生草本植物。植株高30～50厘米，具扁球形的地下块茎。每年春季5月会抽出戟状卵形至卵状三角形的叶片，生长在长15～25厘米光滑的叶柄上，缓缓舒展开，叶片表面满布各色斑点。温暖地区还会开出带佛焰苞的花朵，佛焰苞管部卵圆形，长3厘米，外面绿色，内面绿白色，基部常青紫色。花后果实呈浆果，白色，细小，种子多数。但一般家庭盆栽很少开花，主要以观叶为主。

栽培种类

目前花市上常见的品种，大多数是园艺杂交品种。常见的栽培品种有叶肉白色呈半透明状、叶脉翠绿色的白雪彩叶芋，又名白鹭彩叶芋（*Caladium bicolor* 'Candidum'）；叶肉近乎白色，叶边缘镶嵌着一圈黄绿色条纹的银翼彩叶芋（*Caladium bicolor* 'Ciation'）；主脉深红色，叶面呈半透明的翠绿色的红脉彩叶芋（*Caladium*

bicolor ‘Jessie Thayer’）；还有娇点彩叶芋（*Caladium bicolor* ‘Miss Muffet’），叶面淡黄色，主脉白色，叶面上有不规则的深红色斑点。

生长习性

彩叶芋性喜高温多湿的环境，但畏惧寒冷，不耐低温。而南方温暖地区栽植于庭院内，冬季地上部分会枯萎，待翌年春季会重新抽叶。长江入海口南岸地区，盆栽管理会更容易些。10月霜降前后，不再抽发新叶，明显会出现叶柄下垂，叶片相继发黄干枯的现象，即表明植株已停止生长，转入休眠期，直到翌年仲春5～6月，气温高于20℃，天气较为暖和时，会重新从地下块茎抽出新叶。休眠期间，及时剪除枯萎的残枝败叶，盆株可放置在室内通风处，严格控制水分，保持微潮即可。在此期间的栽培介质不可过湿也不可过分干燥，过湿会加快块茎的腐烂，过分干燥则会使块茎干瘪。也可以将地下块茎从盆中取出，轻轻抖去块茎周围的土壤，置于通风处5～10分钟晾干，用报纸包好，放入镂空的尼龙网格袋内，吊于庇荫处。来年重新种植，种植以5月中旬较为合适。种植前，可用甲基托布津500倍溶液浸泡5～10分钟消毒。

栽培管理

生长适宜温度为25～30℃。春季5月开始抽叶，盛夏平均气温达到25℃时，进入生长旺季，每天抽1～2次芽。因此，夏季为主要观赏季节。但代谢也较快，新抽的枝叶一般能维持1～

2周，就会变黄下垂，需及时剪除。秋天温度低于20℃，则生长缓慢，当气温低于15℃以下时，叶黄枯萎，植株将停止生长。在气温变化较大的地区，要多留心观察。

日照不足会使叶面色泽差，叶柄容易徒长倒伏，株形层次不齐，松散。因此，无论哪个品种，在抽芽展叶时，都应放置在室外日照充足处，直接接受日光。夏季6月上旬至9月下旬，放置在朝东向隔着竹帘的窗台边，透光率为20%～30%，避开强光暴晒，否则叶面上极易出现难看的斑痕，还容易使叶片受损萎蔫。

5月中旬种植后，需浇灌一次定根水，之后待盆土表面干燥后，再浇水，最忌频繁浇灌。夏季温度升高时，空气相对湿度会明显降低，所以不但要保持介质的湿润度，而且还要向叶面多喷细雾。不管是用塑料盆、泥盆或紫砂盆栽植，都要待盆器温度冷却后，再浇灌水分，也不能使用高于气温的水来浇灌。

5月中旬至9月下旬，可每隔10～15天浇灌1次稀释后的有机肥液，有机肥液必须是充分腐熟发酵后的，否则会对植株造成伤害。也可使用化学肥料施放，但要注意以磷、钾肥为主，氮肥为辅，这样可保持叶色鲜艳。

小贴士

其种加词 *bicolor* 有“二色”之意，指的就是叶面常布满各式各样的色彩，有绿叶嵌红、白斑点，有叶片中央呈现朱红色，有叶边缘深绿色，主脉深红色，还有叶面淡粉色，叶脉绿色等等，斑斓诱人，可谓观叶植物中的佳品。布置在客厅、书房、茶几上极为雅致。因而成为广受欢迎的室内观叶植物。

栽培介质

栽培以富含有机质的腐殖质且 pH 呈微酸性的介质较好，建议使用 1 份珍珠岩、2 份泥炭土、1 份腐殖质的比例混合，并掺入 0.5 份的鸡粪作基肥。

繁殖培育

家庭繁殖多用分株法较为简便，也可用叶柄水插，但生长阶段较漫长。分株可于每年春季 5 月中旬，在种植去年休眠的块茎时，将块茎周围的小块茎一一用手轻轻掰下，伤口处可涂上草木灰，再分别种植于盆内。叶柄水插，选择健壮成熟的叶片，连同叶柄一起剪下，选择较深的容器，盛水后将其放入，水位为叶柄的 1/4 处，保持水质清洁，不要生有绿藻。大约 30 天左右，叶柄处逐渐形成块茎，最后萌发形成新植株。

病虫害防治

闷热不通风的环境下，介壳虫为花叶芋的主要虫害，多黏附在叶柄和叶背面，若有发现可用酒精棉直接擦拭，并且改善栽培环境。

花友心情

清早起来，第一件事情就是去看看自己栽培的那盆花，这是我每日的习惯。花的叶形、姿态天天都会发生改变，若非每天观察，或许就体会不到这细微变化所带来的喜悦。看着自己养的花充满朝气，真是开心无比。通过辛勤劳动而获得回报的欢乐，不仅使生活更加丰富多彩，而且还可与亲朋好友一起分享个中乐趣。

黛粉叶

中文名：黛粉叶
别　名：花叶万年青、银斑万年青
科　属：天南星科黛粉叶属

原产地

绿色的叶片嵌入黄、白色斑点的黛粉叶，分布在巴拿马、哥伦比亚、秘鲁一带之热带中南美洲地区，有 30 余种。

形态特征

属于天南星科多年生常绿草本植物。株高 30 ~ 90 厘米，茎直立，节间短，叶长椭圆形，叶面布满各种乳白色或嫩黄色斑纹。成株开花，佛焰花序。

栽培种类

最受欢迎的就是 1979 年德国选育的夏雪黛粉叶（*Dieffenbachia amoena* ‘Tropic Snow’），又称斑马叶万年青。茎直立，肉质。叶卵状椭圆形，沿中脉两侧具乳白色大斑块，叶缘深绿色。而同样由德国选育的喷雪黛粉叶（*Dieffenbachia amoena* ‘Exotica’），茎直立，肉质。叶长卵形，深灰绿色，几乎整个叶面布满乳白色斑点或斑块。此外，花市上还能常见到（*Dieffenbachia amoena* ‘Camilla’）白玉黛粉叶，特征为叶卵椭圆形，叶中央乳白色，叶缘浓绿色，同时茎亦直立，叶长椭圆形，淡黄绿色，具深绿和白色斑点，叶缘深绿色的星点黛粉叶（*Dieffenbachia*×*bausei*）。除了以上介绍的之外，原产于哥斯达黎加的（*Dieffenbachia amoena*）大王黛粉叶，也相当常见，但植株高约 80 厘米，也被称之为厚肋万年青、大王万年青。特别适合于会议室、展馆摆设。黛粉叶属（*Dieffenbachia*）的植物，叶面变化极为丰富，因此育种家最喜欢从各种不同斑纹的植株，杂交育种来取得更多美观的品种。

生长习性

喜欢高温、多湿的环境，也耐半阴，但不能在阴暗荫蔽的场所生长。在炎炎盛夏，烈日的炙烤及酷寒隆冬，朔风刺骨的环境下生长较困难，不适宜健康生长，所以盆栽观赏较为合适，而且是点缀客厅、书房、卧室最赏心悦目的色彩。每当清晨醒来时，第一眼便能望到她，常使人从她生机盎然的英姿里，激发出对生命的热爱与追求，能以更好的心情迎接每一天的开始。

栽培管理

生长适宜温度为 22 ~ 28℃。冬季应移入室内避风处并保持土壤略微干燥，越冬温度不宜低于 13℃。

6 月上旬至 9 月下旬，接受强烈日光会造成叶变黄，并出现大小不等的褐色斑块。倘若日照不足也会使植株茎干纤细，叶薄，影响植株的姿态。因此，春、秋两季可移至室外能接受散射光的场所，光照强度在 1 500 ~ 2 500 勒克斯。冬季日照强度较弱，可置于室内避风朝南的环境，充分接受日照。应特别注意，乳白斑纹愈多的

品种，光线要明亮些，否则易出现斑纹消失，叶色偏淡。

5 月上旬到 10 月上旬为生长适宜期，此时生长需要消耗较多的水分，且气温普遍较高，叶面蒸发的水分较多，也加剧了植株体内水分的流动。因此，为了保持植物正常的生理需要，就必须适时补充水分。可用手触摸介质的质感来加以判断，若表面粗干，则需补充水分，浇则浇透。不过，冬季气温低于 13℃，在管理上则应保持稍干燥，连续数日遇阴雨天，时隔 1 周后再浇灌也可。北方地区在管理上，应注意摆放环境的空气湿润度，可人为模仿一个原产地的生长环境。在湿度过低时容易出现叶边缘焦黄、卷曲等现象，可向植株喷雾或在盆株附近放上一盆水，均可提高湿润度。

因作室内观赏，不宜多用有机肥，改用干净无异味的无机肥，可在上盆前，施加颗粒状的固体肥，而根外追肥则在 5 月上旬至 10 月上旬，每月喷洒 1 ～ 2 次，一般以速效性无机肥料作追肥为宜。可用含氮量 46%的尿素溶液，喷施的浓度为 0.1% ~ 0.2%，能有效促进叶面积的增加。但入秋后不宜过多使用，可改用磷酸二氢钾以 0.1% ~ 0.2%的浓度喷施，提高原生质对水的吸附，减少蒸腾，从而提高植株的抗逆性。

栽培介质

在选择栽培介质时，应具有疏松、透气与保肥、排水的性能。

介质疏松、透气好，才能有利于根系的生长，保肥好，可保证充足的养分提供生长和发育。因此，栽培可用60%泥炭土、20%珍珠岩和20%蛭石混合而成的介质。

小贴士

黛粉叶植株体内的汁液具有毒性，不要沾上皮肤，否则容易受刺激过敏，也不要误食。

换 盆

由于生长旺盛，容易使株形与容器比例失调。因此，栽培2～3年后，应进行换盆，时间以5月上旬为宜。把植株从盆中脱出后，抖去1/3的旧土，栽种至新盆内即可。

繁殖培育

可用扦插和分株法繁殖，扦插于春季进行较为合适。介质应选用能经常保持湿润，又能透气的，如蛭石、珍珠岩、草木灰等。但有些品种喜酸性介质的，不能用草木灰作为扦插介质。剪取带有3～4节，叶茎顶部分，插于介质中，保持湿润，不要过湿，否则易造成插穗腐烂。适温20～25℃的环境下，经40天左右的时间，即可生根发芽。分株繁殖，应避开低

温期，通常在春、秋季结合植株换盆时进行，将母株从盆内倒出，抖去部分旧的培养土，用利刀将植株分割为若干丛，种植于新盆内。由于分株过程中，往往会使根系受损，给后期的生长带来一定影响。因此，栽植后不要急于放置在有阳光的环境，以选择半阴的场所较好，服盆 1 ~ 2 周，待根系生长恢复后，才可以充分接受日照，施肥灌溉。

病虫害防治

常伴有褐斑病和炭疽病的为害，但很少有虫害。褐斑病多发生在阴雨天过后，湿度大的环境下。发病初期有不规则椭圆形小褐斑，叶面上常有灰白色霉状物，可用 40%百菌清可湿性粉剂 800 倍液喷杀。炭疽病多发生在基叶上，叶面出现水渍状褐色斑块，若没有及时防治，会逐渐扩大。可选用 70%的甲基托布津可湿性粉剂 800 ~ 1 000 倍液。

值得注意：冬季因受低温或吹袭冷风，也会导致叶面出现褐色斑块，要区别于真菌性引起的病害。

龟背竹

中文名：龟背竹
别　名：铁丝兰、穿孔喜林芋、蓬莱蕉
科　属：天南星科龟背竹属

原产地

龟背竹原产于墨西哥，是天南星科多年生草本植物。每年夏季，会从茎节处长出深褐色的气生根，纵横交猎，形如电线。因此，又有电线莲的美称。

形态特征

叶片形状奇特，呈心形，全缘或羽状裂叶，革质，互生，叶色浓绿，若养护得当，浓绿色的叶子都会闪耀着光泽，叶脉间有椭圆形的穿孔，犹如龟甲图案，更有趣味。成株 5 ~ 8 月开花，佛焰状花苞黄绿色，肉穗花序长达 20 ~ 25 厘米，盛开时由白绿色转为淡黄色。果实翌年夏秋成熟，浆果淡黄色。成熟后可用来做菜食，有甜味。

栽培种类

几个具有代表性的品种，分别是叶面有乳白色斑纹的斑叶龟背竹（*Monstera adansonii* 'Variegata'），以及叶面穿孔数量之多、且穿孔面积大的穿孔龟背竹（*Monstera obliqua* 'Expliata'），也叫窗孔龟背竹，一个个穿孔好似一扇扇明亮洁净的窗。茎叶的蔓生性状特别强的蔓状龟背竹（*Monstera adansonii* 'Borsigiana'），十分适宜栽植于庭院假山旁，大气而又洒脱。

生长习性

性喜温暖湿润、具有散射光照的环境，切忌强光暴晒和干燥的空气，喜半阴，畏寒。寒冷地区，大多用盆栽观赏，霜降前后就需移入室内越冬。夏季要放置在庇荫的环境养护，在闷热不透气，新鲜空气无法对流的场所下，还易造成叶缘出现发黄枯焦的迹象。不过由于植株每年生长发育快，随着植株的生长，需架设支架，以防植株过大而倾倒。

栽培管理

生长适宜温度为 20 ～ 25℃，当气温升至 32℃，会停止生长。越冬应不低于 5℃。还要防止冷风吹袭，否则叶片枯黄脱落，失去观赏价值。

栽培处要荫蔽，日照约 50%，最怕夏季强光直射，会使叶面被灼伤。对叶面有乳白色斑纹的品种，放置时，应多考虑光线明亮的地方，能促进叶色靓丽，青翠欲滴。

因喜欢多湿的环境，尤其在湿润的空气下生长旺盛，也容易在茎节处长出犹如电线的气生根，暴露在空气中，既能吸收空气中的水分，也有助于植株的呼吸。随着植株的长大，气生根也会不断向下生长，起到一定的支撑作用。若是不小心折断茎节，

也不要轻易丢弃，利用气生根的特性，直接置于水中，30 ~ 40 天左右，根系长至 15 厘米左右，就可成为一棵独立的植株，移植到盆器内即可。

冬季 11 月至翌年 3 月，盆土只要保持稍湿润即可。4 ~ 10 月可逐渐增加浇水次数和浇水量，保持湿润比较好，以“宁湿勿干”为原则。长江入海口南岸地区，在梅雨季节，即使倾盆而下，也不用避雨，会更利于生长。但栽培介质排水能力较弱的话，可将盆株侧倒过来放，就不容易造成盆株积水。

春、夏季是龟背竹的生长旺季，每隔 15 天灌溉 1 次用鱼内脏发酵腐熟后的液体肥料。因为有机肥料通常是指天然肥料，在腐解过程中能产生胡敏酸、酶、激素等活性物质，可促进植物的根系发育。但在施放时会有一定异味，不适宜在室内施放。可改用以氮、磷、钾均衡的无机肥料，这样既能促进叶色碧绿，又不会污染空气。另外，也可在盆土表面种植豆科植物紫云英（*Astragalus Sinicus*）作为绿肥使用，其根部分泌的酸性物质，能使土壤根层的养分更为丰富。

栽培介质

不择土壤，但也不能种植于 pH>7 的碱性土壤中。盆栽以排水通畅，富含有机质多的腐叶土栽培为最佳。可用 4 份腐叶土、3 份园土、3 份珍珠岩混合配制，经阳光暴晒消毒后便可使用。

换　盆

龟背竹为中型室内观叶植物，每年生长较快，盆栽需每年更换 1 次土壤，可在尚未萌发新芽的 4 月上旬，正值清明时分，进行换盆。重新栽入后，可在介质中拌入过磷酸钙作为基肥，有助于植株后期生长，增强抗病、抗旱能力，不易倒伏。忌使用氮肥作为基肥。

繁殖培育

龟背竹繁殖极为方便。可用扦插、堆土压条、高压等方法。扦插于生长旺盛期进行，最为适宜。剪取叶茎顶或带有 3 ～ 4 个节茎段为插穗，切口要涂抹草木灰，叶子过大，可剪去一半，继续进行光合作用，对生根抽芽都非常有利。插入介质后，露出 2 个节，浇透水后置于温暖半阴处，有明亮光线即可，多向植物喷细雾，提高空气湿度，利于生根，一般 40 天左右可生根。也可于夏季茎节处抽出气生根后，将带有气生根的茎节压入盆土内，加以固定，待 1 个月长出新根后，用利刀切离母株，另行栽种。

采用高压法繁殖，不受季节影响，方法是选取二年生健壮的枝条，在发根处的茎节下，加以环状剥皮，深度至木质部，宽度 0.5 ～ 1 厘米。把剥皮部位围圈起来，填入泥炭土，上下两端扎紧后，形成一个圆筒状。放在原来栽培的环境下，加强母株的日常养护。经常保持包裹处湿润，只要透过塑料薄膜，看见布满的根系，就能切离母株，连带泥团一起种植于盆器内，服盆 1 ～ 2 周即可。

病虫害防治

灰斑病，别名叶枯病，为龟背竹常见病害。多表现在老叶叶缘，初期出现褐色斑点。随后扩大成近圆形或不规则形，呈灰褐色至黑褐色，最后腐烂枯死。可喷洒 65%代森锌可湿性粉剂 1 000 倍液。还需要注意生理性叶斑病，老叶、新叶叶片多处出现大小不等的黄色斑块，这是由于植株多年没有翻盆换土，土壤中的微量元素缺乏，导致植株长势渐弱，可通过去除旧土，增加新土来解决。康氏粉蚧，是龟背竹最常见的虫害，通风不良最易感染，多附着在叶背面或叶柄处，会有白色絮状物产生，可用酒精棉直接擦拭，效果很好。数量多时，也可用速扑杀 1 500 倍液每隔 7 天喷洒 1 次，连续用药 2 ～ 3 次，就能将其全部消灭。

小贴士

龟背竹是阳台、室内客厅观赏价值较高且管理方便的绿色植物，还能有效地吸收二氧化碳，释放氧气，净化空气，常会有一股股清新气爽的感觉飘散而来。另外，龟背竹蕴义长寿，实为敬老馈赠之佳品。

购买指南

春、夏两季是选购的最佳时节，应选择冠幅大、气生根多的植株，同时，也要注意叶柄、叶背面的介壳虫。

仙羽蔓绿绒

中文名：仙羽蔓绿绒
别　名：佛手蔓绿绒
科　属：天南星科喜林芋属

仙羽蔓绿绒别名奥利多蔓绿绒，是天南星科喜林芋属，中型多年生直立草本。可长期置于光线较明亮的环境下生长，其株形丰满紧凑，叶子形态奇特，犹如天使般的双翼。因此，又被誉为密叶小天使。寿命较其他天南星科观叶植物长，管理粗放，可以算是懒人植物，深受花卉爱好者的喜爱。

原产地

主要分布于热带美洲丛林，是喜林芋属中的一种，该属（*Philodendron*）约有275种栽培植物，其种类丰富多样，叶形有戟形、箭形、卵形或长圆形等变化，而且叶色还不仅限于绿色，有红色、金黄色、灰洒金等色彩，甚至也有叶柄为褐红色，叶色为墨绿色。

形态特征

仙羽蔓绿绒为中型种，叶片自茎基部簇生，叶柄具长鞘，叶表面浓绿有光泽，革质，外缘呈长圆形、羽状裂叶为不规则浅裂至深裂。肉穗花序直立，佛焰苞浅绿色，果期为肉质。但盆栽很少开花。

栽培种类

常见的园艺品种有原产巴西的羽裂蔓绿绒，学名为 *Philodendron selloum*，别名春羽，株高可达 1 米，茎表面有明显的叶痕，在温暖潮湿的环境下，茎部容易生长气生根，在我国南方地区多栽植于庭院或公园内，供游人欣赏。有喜欢攀缘其他物体生长的心叶蔓绿绒，学名为 *Philodendron oxycardium*，原产于牙买加、西印度群岛。叶呈心脏形，全缘，深绿色。茎段上的节间处只要触水，即可生根。还有外形酷似绿萝的金圆蔓绿绒（*Philodendron* 'Golden Pride'），叶面金黄色，特别惹人喜爱。以及最受欢迎的红宝石蔓绿绒（*Philodendron imbe*）和绿宝石蔓绿绒（*Philodendron* 'GreenEmerald'）。

生长习性

性喜温暖、湿润半阴的环境，畏惧严寒，忌强光直射。所以，除温暖地区可地栽于庭院内，一般以盆栽栽培较为合适。地栽可植于树荫下，有散射光照射且通风良好之处。但不宜栽植于有阳光直射的地方，叶面容易出现褐色斑驳。

栽培管理

生长适宜温度为 20 ~ 30℃。寒冷地区，气温下降至 10℃，就应摆放在室内朝南向居室或放置在封闭式阳台内，但要注意不要与取暖设备较接近。

接受强烈光照，会破坏叶绿素的形成，造成叶面发黄，而日照不足则会抑制其生长，叶面暗淡无光泽。所以，夏季应选择室内朝东的阳台或窗台边或放置在室外乔、灌木群下。春、秋、冬三季可选择光线较明亮的地方栽培，若是长期置于人工照明下栽培，建议每隔 1 周置于自然光下，这样会对植株生长更有利，但

要逐步见光。

春、夏两季为植株的生长旺季，盆栽可保持湿润，待土壤表面干燥后，即可立即浇灌水分，干燥季节还应向植株及摆放环境多喷细雾，不仅可以降低气温，而且还可以增加空气相对湿度。秋、冬季，随着气温的逐渐下降，多观察株形长势，若叶柄出现萎蔫或盆土色泽由黑褐色变为灰白色时，就可考虑浇灌。但室温能维持在 15 ~ 20℃，水分蒸发较快，需多加留意栽培介质的湿润度。另外，在雨水较多的季节，选择室外栽培的，必须将盆底的托水盘尽早拿去，以免盆器内多余的重力水无法及时排除，使土壤积水，造成土壤中的根系缺氧，而不能进行正常呼吸，引起根系腐烂。

生长旺盛期，每月施肥 1 ~ 2 次，以氮肥为主，比例为 1:1 000，可促进枝叶生长，叶色浓绿。施肥前，最好先进行松土，使肥液容易被根系吸收。但秋季应停施氮肥，叶面追肥 1 ~ 2 次速效磷、钾肥，可增加抗性，防止生理病害的发生。

随着新叶片的不断增多，生长期还会出现基部老叶的逐渐黄化、脱落，这是正常的新陈代谢现象，不必惊慌，也不要盲目使用硫酸亚铁溶液灌溉根部，会适得其反。只需及时剪除即可。

栽培介质

栽培以排水和通气性良好并含有较多腐殖质的弱酸性壤土为宜。盆栽可用腐叶土、园土、珍珠岩各 1 份的混合土，并掺入少许骨粉或过磷酸钙作基肥。

换　盆

植株每年生长迅速，可每隔 2 ~ 3 年翻盆换土 1 次，时间以 4 月或 9 月为宜。翻盆换土不仅仅是对植株的根系进行修剪，更重要的是迅速补充介质中已缺少的微量元素或称痕量元素。而在缺乏微量元素时，植株会表现出生长不良的迹象，如植株矮小、顶芽枯死、叶片变小、叶肉发黄至白等症状。因此，栽培介质中的微量元素，对植株的健康生长起着极其重要的作用，有时甚至超过常量元素的作用。翻盆时，可保留 2/3 的介质，靠近植株底部及盆面周围的可去掉，然后种植于新盆器内，填入栽培介质，但盆口需留 2 ~ 3 厘米，用于灌溉水分。换下的陈土也无需丢弃，可添加瓜、果皮、动物残体，发酵腐熟后，还可继续使用，当然在使用前，最好先对土壤进行消毒。

繁殖培育

繁殖可用分株法，生长多年的植株会在基部萌生出幼芽，待幼芽长至 15 ~ 20 厘米高时，可结合翻盆换土，将子株从母株上切离下来，重新栽植于盆内。

购买指南

盆栽可在春、夏两季生长期，在花市购买盆株，但不宜选择冬季购买，暖棚内的环境与室内环境差异太大，会影响植株的生长。

常量元素：通常由氮、磷、钾、钙、镁、硫组成。微量元素则是由铁、锰、锌、铜、硼、钼、镍、钴和氯 9 种元素组成。

文 竹

中文名：文　竹
别　名：云片竹、山　草
科　属：百合科天门冬属

文竹，酷似天边云，却含翠竹韵。柔叶飘绿意，四季皆如春。细花晶莹缀，宛若粉蝶晕。看似柔无骨，枝节肖竹轮。待得绿果熟，青黧更俏俊。叠彩尽葱郁，婀娜醉乾坤。故有云竹之美称。

原产地

原产非洲南部，我国各地常见栽培，属于多年生常绿草本植物，倘若任其生长，高可达数米。因此，也有将文竹归入多年生常绿攀缘植物。每当寒露来临之际，层层枝叶上开始绽放白色花朵，好像吹落的片片梨花瓣，零零落落。

形态特征

植株丛生状，地栽高可达 1 米，盆栽高约 50 厘米。根白色稍肉质。茎直立、细长而光滑，长可达 1.5 米。叶状枝纤细，多数，通常每 6 ～ 12 枚成束簇生，平展成羽状，新叶鲜绿色，老叶呈墨绿色。主茎叶小，退化成鳞片状，白色，带有三角状刺。花小，两性，白色。花后浆果球形，成熟后呈紫黑色。

栽培种类

园艺上的主要栽培变种有茎细长，呈直立状，株形像松柏的柏叶文竹（*Asparagus setaceus* ‘Cupressoides’），也叫猫竹。叶状枝稍长，淡绿色，具白粉的细叶文竹（*Asparagus setaceus* ‘Tenuissimus’）。还有植株较矮小，茎丛生，直立，不具攀缘性，叶状枝更细密的矮文竹（*Asparagus setaceus* ‘Nanus’）。以及生长力强，茎略粗壮，叶状枝较长的大文竹（*Asparagus setaceus* ‘Robustus’）。

文竹的同属植物也较多，如经常出现在人们餐桌上的石刁柏（*Asparagus officinalis*），又名芦笋、龙须菜。直立草本，茎平滑，分枝柔弱，后期常俯垂。主要分布于中欧到北非和中亚的广大地区。我国新疆也有野生。还有分布华东、中南、西南及河北等地的天门冬（*Asparagus cochinchinensis*），其特征：根稍肉质。茎长1～2米，叶状枝通常3枚一簇，扁平。叶鳞片状，基部具硬刺。浆果熟时鲜红色。

生长习性

性喜温暖湿润，适合于在散射光、凉爽的环境下生长，好半阴但却不耐寒，而且夏季怕强阳光直射。因此，盆栽种植较为理想，也容易管理。又因其根是肉质根，较耐旱，畏惧盆土积水。

栽培管理

生长适温22～28℃。小雪前后要注意气温变化，若气温低于5℃，就应将盆株移入室内朝南房间或封闭式南阳台中照料，方可安全越冬，但要注意通风，可在上午9～10时之间开1次窗，更换1次新鲜空气。

虽然好半阴，但在日照充足处生长更佳，4月至5月下旬，可放置在室外充分接受阳光，完全不用遮阴。6月上旬至9月下旬，

植株需间接的接受阳光或是用75%遮阳网给予遮阴，也可置于乔灌群落下，滤去70%日照，但最忌放阳光下直接暴晒，否则极易造成枝叶发黄、叶片脱落。10月至翌年3月下旬，这段时间的日照强度较柔和，无需庇荫。

春、夏、秋三季生长旺盛期，盆土介质可略为湿润些，但也要时时留意每日的天气变化，若是连续遇上阴雨天，可隔数日观察表土干燥程度来确定是否需浇灌。盛夏高温，当气温超过35℃时，多观察盆土的干湿度，根据介质的渗透能力合理浇灌水分。过干或过湿，都会使茎叶出现枯焦的现象。冬季，放置在封闭式南阳台中的文竹，中午温度若是高于15℃，应注意介质的湿度。

生长期可每隔15天施1次以氮为主的肥料，6月上旬至9月下旬气温过高，可不用考虑施肥。秋季气温逐渐下降，又转入生长旺季，可多施以磷、钾为主，氮肥为辅的肥料，既有利于花后结果，又能提高抗性。

修 剪

文竹生长较快，每年有2次萌芽高峰。一次为上半年的3～5月份，一次为下半年的9～10月份。在植株的生长过程中，要经常剪除老化（黄化）了的枝条，从根际处直接剪除。文竹具有向光性，在萌芽的时候，要引导新枝的正常生长走向，引导其直立向上生长，如果不注意，会窜茎挤压弯曲，影响株形。

另外，附带一句，文竹的花着生在隔年生枝条上，在修剪时应尤为注意。

栽培介质

好生于疏松、肥沃、排水良好的腐殖土中，可用70%黑山泥、30%腐熟后的中药渣拌和，生长则更佳。

换 盆

一般盆栽2～3年后，根系不断的增长逐渐布满花盆，生长受到限制，盆底会有根系露出，这就需要翻盆换土了，时间宜在4月清明前后，尚未萌芽前进行。方法将盆钵斜放，左手扶住花盆，右手的拇指伸入花盆的底孔，将泥团顶出（翻盆前些天，盆土可略干些）。除去旧盆土的1/3，并修去部分老根、褐色腐烂、干瘪的根系。重新栽入大一号的新盆内，加入新介质并轻轻压紧，使根系与新土密接，浇足水，直到盆底有多余水分排出，置于室外庇荫处2周，多向植株叶面上喷水，以增加环境湿度，减少枝叶水分蒸发。待服盆期后，转入正常的养护。

繁殖培育

繁殖可采用播种和分株。播种可在3～4月直接播于盆内，播种前，可用湿纸巾包裹种子2～3小时或直接浸水1昼夜。播后覆土0.5～1厘米，并保持基质湿润，适温20～25℃的环境下，大约1个月可发芽。待苗株高约10厘米时，可进行定植。分株除夏、冬两季外，均可进行，或结合翻盆换土进行。脱盆后，用手顺势掰开株丛，分成1～2株，定植于盆中。

病虫害防治

很少有虫害为害，时常会有生理病害出现，不要误以为是病菌感染，而使用杀菌药物。主要表现为：①在夏季受强光直射或置于全阴的环境下，导致落叶、枯黄，可通过改善栽培环境，同时用浓度为1 500倍高锰酸钾溶液，喷洒植株2～3次，即可恢复正常。②冬季温度低，盆土过于潮湿或排水不畅，盆土积水，引起枝叶枯黄、烂根。更换疏松、排水良好的腐殖质土以及在盆钵底层铺上浮石作为滤水层，剪除烂根后，重新栽植。③不要久放于电视机或取暖设备旁，易造成黄叶现象的发生。④出现枯枝黄叶时，不要盲目使用硫酸亚铁溶液喷洒，反而会适得其反。可以从栽培环境和水分、阳光等方面着手考虑。

小贴士

文竹不仅有观赏价值，适合摆放窗台、阳台、客厅及茶几上观赏，南方地区庭院可栽于岩石边。而且具有养生保健之功，根可入药，性味甘平。可润肺止咳，杀虫，利尿，凉血。

购买指南

与木本植物不同的是，文竹用种子阶段开始育苗，不仅生长较快且根系发达，生命力强，无需等待漫长的生长阶段。当然也可以直接在花市购买用营养钵栽植的成株苗，选择春季4～5月较为理想，此时株苗较多，选择余地也大。挑选时若是使用紫砂盆栽植的，不要光看盆土表面的青苔，要注意看株苗与盆壁是否分离，因为老苗的须根是紧贴盆壁生长的。

蜘蛛抱蛋

中文名：蜘蛛抱蛋
别　名：苞米兰、一叶青
科　属：百合科蜘蛛抱蛋属

原产地

蜘蛛抱蛋属植物分布于亚洲热带地区，我国南部各省分布居多。为百合科蜘蛛抱蛋属多年生常绿草本植物。因光亮的果实外形酷似蜘蛛卵，而露出土面不规则膨大的地下根茎又似蜘蛛，故名“蜘蛛抱蛋”，其名十分有趣。

形态特征

植株高 20 ~ 60 厘米，根状茎短粗，呈匍匐状生长于地下，稍露出土面。叶从根际处长出，单生，革质，一叶一柄，故又名一叶兰。叶片长椭圆形，先端急尖，具明显的平行叶脉，叶片和叶柄质地坚韧，光泽而又浓绿色。花葶自根茎生出，露出土面，顶生，花奇特，深玫瑰色，花期为 5 ~ 6 月。果实期 7 ~ 8 月。

栽培种类

一些常见的园艺栽培品种，深受人们喜爱。叶片有纵向黄色或白色条斑组成的斑叶蜘蛛抱蛋（*Aspidistra elatior* ‘Veriegata’）；叶面分布不均匀的金黄色或白色星斑的洒金蜘蛛抱蛋（*Aspidistra elatior* 'Punctata'），其叶面非常漂亮，极为诱人。还有叶色以金黄而诱人的金叶蜘蛛抱蛋（*Aspidistra elatior* 'Aurea'）。

小贴士

蜘蛛抱蛋四季常青，满盆葱绿，是布置厅堂、北窗台、走廊或茶几旁、沙发边等场所的优良观叶植物，可以让你的居室生机盎然，不仅如此还能清除甲醛，吸收二氧化碳、氟化氢等有害物质，呼吸到自在的空气。适于书房、会客室布置摆放，更显大气、美观，增添活力和生气。可单独观赏，和其他盆栽观花植物相搭配合布置，以衬托出其他花卉的鲜艳和美丽。此外，蜘蛛抱蛋叶片耐水养，还是现代高级插花极佳的配叶材料。叶片经人工造型，用以陪衬鲜花，寓意天长地久。

此外，蜘蛛抱蛋根茎可入药，味甘，性温。可活血通络，泄热利尿。主治跌打损伤、腰痛、经闭腹痛、头痛、牙痛、热咳伤暑、泄泻、砂淋等症。

生长习性

性喜温暖、湿润和半阴的环境。较耐寒，怕强光暴晒。但拥有极佳的耐阴性，光线较阴暗，也能不影响生长，可长期放置在室内观赏，适应性强，是一种管理简单的观赏植物。

栽培管理

生长适宜温度为 20 ～ 25℃。长江入海口南岸地区盆栽栽培，冬季可直接在室外越冬。即使在－5℃的环境下，叶片依然翠绿，而花叶品种，只是叶缘会出现枯焦。北方寒冷地区，地上部分可能会受寒，但地下根茎不会受其影响，翌年春季会重新长出新叶，同时摘除枯萎的叶片。

四季都可放在明亮的室内栽培，夏、秋生长期，新叶萌发时，

最好将其移至有自然光、空气流通的地方养护，利于新叶萌发，更好地提高观赏价值。但要防止夏季烈日暴晒，避开直射光线，置于帘子下庇荫，否则，极易造成叶片灼伤、叶面发黄、叶尖枯焦。而在北方栽培应经常向叶面喷水增湿，也可在栽培环境周围洒水，增加空气相对湿度，使叶面油绿光亮。对于斑叶、洒金等园艺栽培品种而言，光照略强些，会更适合其生长。若过分阴暗，缺少自然光照射，斑纹和斑点会渐渐地消失，出现返祖现象，影响美观。

春、夏、秋三季待盆土表面干燥后，手按下后有硬度，就可充分浇水。特别是夏季气温高，湿度低，水分蒸发快的情况下，还应在清晨补水一次，切忌缺水，导致栽培介质过分干燥。在冬季气温较低的情况下，介质保持稍干燥些，减少浇水次数。如果是放置在有暖气供应的室内，温度维持在 15 ~ 20℃，此时仍能正常生长，以保持微润为宜。

夏、秋季为生长旺盛期，每隔 15 天施 1 次以氮为主的无机肥料，可使叶面积增大，叶色浓绿。斑叶品种要保持原有的性状，就应少施氮肥，多施磷、钾为主的肥料。秋末初冬，温度逐渐下降，无论是哪个品种，都应停止使用含氮素较高的肥料，可用浓度为 0.1% ~ 0.2%的磷酸铵溶液，是一种氮少磷多的复合肥。直接喷于叶面，以提高体内可溶性糖的含量，使细胞中原生质冰点下降，增加抗寒性。

栽培介质

对土壤要求并不挑剔，但在疏松、肥沃、排水良好的培养土和腐叶土中生长则更佳。盆栽可用 2 份园土、1 份珍珠岩按比例混合后配制即可。总之，盆栽选用的介质配料要透气、排水、保肥性佳，而且在使用前最好进行消毒，以免介质中的病原微生物、有害动物及杂草种子带来危害。

换　盆

由于地下茎生长较快，随时疏剪，修剪时将叶柄一同剪去，不要只剪叶子。栽培多年后，根系过于拥挤且盆中的介质营养缺失，从而影响植株的生长。因此，每隔 2 年进行 1 次翻盆换土。时间长江入海口南岸地区，于 4 ～ 5 月份，南方地区全年均可进行，北方寒冷地区可在平均气温达 15℃以上进行。翻盆前 2 天，使介质稍干燥，则容易将植株从盆中脱出。剔除 1/3 的旧盆土并修去老根、枯根。在新盆的底部铺上一层充分腐熟的有机肥作基肥，填入新介质后，再将植株移入盆中扶植，填土压实。向盆中浇透水后，放置在半阴环境下，服盆 1 周。

繁殖培育

蜘蛛抱蛋繁殖采用分株法。分株繁殖多在春季结合翻盆换土进行，此时新芽尚未萌发，用利刀把地下茎割开，每部分最少应带有 3 枚叶片，然后栽入小盆中，待植株 1 年后逐渐长大，再逐年换入大盆。

病虫害防治

主要有炭疽病和褐斑病的影响，以危害叶片和叶柄为主。发现病叶时，应及时剪除，以减少传染。可用 70%代森锰锌可湿性粉剂 500 倍液，每隔 10 天左右，喷 1 次，连续 3 ～ 4 次。夏季高温干燥通风条件差的环境下，叶子背面最易寄生糖片介壳虫，此虫灰褐色或淡黄褐色，会潜伏在叶片的正面或背面的叶脉之间，吸取叶子的液汁后，使叶泛黄脱落，严重时造成全株死亡。糖片介壳虫一年发生 2 ～ 3 代。如数量不多，可用毛笔浸肥皂水刷除。也可使用 40%速扑杀乳油 1 000 ～ 1 200 倍液喷洒或 40%的氧化乐果乳油 1 000 倍液喷杀。

购买指南

选购时，可于气温逐渐回升后的仲春或夏季购买，建议选择叶面色泽墨绿、光泽，叶柄、叶正背面无病虫害健康的植株。

花友心情

适合盆栽的种类包罗万象，有喜阳的、喜半阳的、喜阴湿的等。人们往往都会选择自己喜欢的植物来种，也有人喜欢多方收集各类品种，然而，一旦种久了，她们的新鲜感也降低了。不妨登录论坛，一来既可结交更多的花友，分享种植经验、交换不同的品种；二来又可将多出的同类植物进行义买义卖，款项存入花友基金，在花友遇上困难时可予以帮助，通过自己栽培的花草，能做这样一件事，还是很有意义的。

玉　簪

中文名：玉　簪
别　名：玉春棒
科　属：百合科玉簪属

瑶池仙子宴流霞，醉里遗簪幻作花。万斛浓香山麝馥，随风吹落到君家。吸吮着初夏沁人心脾的芬芳气息的玉簪，是我国古老而名贵的观赏花卉，也是著名的传统香花，不仅有观赏用途，而且具有一定的药用价值，全株可入药，从古至今就广泛栽培。肥大翠绿的叶还时常用于高级切花中的配叶，鲜花则含有芳香油，用以提制芳香剂。

原产地

因其形如鹤如仙，被称作“白鹤仙”的玉簪，分布于亚洲温带与亚洲热带地区，我国产 3 种，多数分布于长江流域地区，还有一些从国外引入栽培的。

形态特征

属于多年生宿根草本植物。植株高 30 ~ 50 厘米，具粗短的根状茎。叶基生，成簇，叶片卵形至心脏卵形，长 15 ~ 25 厘米，宽 10 ~ 15 厘米，先端急尖。绿色，有光泽，具弧形脉和纤细的横脉，叶柄长 20 ~ 30 厘米。花茎从叶丛中央抽出，顶端具总状花序，着花 9 ~ 15 朵。花白色，芳香袭人。花期 7 ~ 9 月。花后果实成蒴果状，长 6 厘米，内含数粒种子，黑色。果期 8 ~ 9 月。

栽培种类

园艺上主要栽培的有‘甜心’玉簪（*Hosta plantaginea* ‘So Sweet’），株高 35 厘米，叶长 15 ~ 18 厘米，其叶椭圆形至披针形，有光泽，叶边缘乳白色。每到夏季，花开白色，并带有淡淡的甜香。及株高 40 厘米，叶蓝绿色覆有白粉，夏季 7 ~ 8 月开花，花开灰紫色的‘静逸’玉簪（*Hosta plantaginea* ‘Halcyon’）。还有特征为株高 30 厘米，叶长 8 ~ 10 厘米，心形杯状，质厚，边缘乳黄色，中间深绿色。夏季开淡蓝色花的‘金杯’玉簪（*Hosta plantaginea* ‘Brim Cup’）。而园艺品种中，又以叶色浓绿、具鲜明的白边，花白色，管状漏斗形，具芳香，花

开夏、秋季的花叶玉簪（*Hosta plantaginea* 'Fairy Variegata'）最具有代表性，也是市面上常见到的。

同属的还有一个品种紫萼（*Hosta ventricosa*）又叫紫玉簪，其英文名Blue Plantainlily。分布于我国河北、陕西、华东、中南、西南各省。叶基生，卵形至卵圆形，通常长与宽相等。总状花序，花紫色或淡紫色，花期6～7月。蒴果圆柱形，果期8～9月。与玉簪相比，花色更美。

生长习性

性粗放，适应性强，耐阴和耐寒性较其他观叶植物强，无论是盆栽还是地栽，都非常容易，适合于刚入门的花卉爱好者栽培。是一种在夏、秋两季既能赏叶又能闻香的观叶植物。但畏惧盛夏烈日直射，叶片容易变黄枯焦，生长不良，属于典型的阴性观叶植物。

小贴士

多姿多彩、亭亭玉立的花儿，在绿色轻波的簇拥下随风摇曳，那种轻歌曼舞的韵律，令人难以表达对她的赞美之词。可装点在水汽氤氲的浴室、若明若暗的走廊及光线明亮的厨房里。庭院布置，则可置于乔、灌木林下，使裸露的土地表面披上一层绿衣，点缀色彩。且玉簪叶片特别宽大碧绿，能遮挡阳光，减少太阳光的直接辐射量，产生明显的降温效果。

栽培管理

生长适宜温度为 12 ~ 25℃。冬季遇零下低温，地上部分叶片会枯萎，翌年春季，又会重新生长，所以即使是盆栽也无需移入室内越冬。

性喜湿润、通风良好的半日照环境下生长，全年只需接受柔和的散射光，就可生长良好。6 月上旬至 9 月下旬，需以竹帘遮挡 50%的光线，烈日下会使植株的叶片变成黄色，并产生焦边，影响观赏。

玉簪虽较耐旱，但盆栽空间有限，一旦出现叶面下垂，需补充水分，要与庭院栽培加以甄别。若脱水时间过久会出现永久萎蔫，即使浇水也不会再恢复。生长期经常保持土壤湿润，这样可促使叶绿花繁。夏季天气炎热、干燥时，还需经常向叶面喷水，既可以增加空气湿度，降低温度，冲洗掉叶片上滞留的灰尘，又有利于光合作用。可谓一举两得。还需一提的是，若是新买的容器苗，要更换到盆中，通过倒盆后，必须浇透定根水，使原土球与新土壤充分接触，促进新根生长，利于成活。入冬前，盆栽需浇灌一次水，保护根部不受冻害，平时只需保持稍干燥即可。

每年 4 月上旬植株展叶后，约每隔 10 天施 1 次以氮为主的肥料，促进茎叶生长，6 月上旬可追施以磷、钾肥为主的

液肥1～2次，也可直接用浓度为0.1%～0.2%的磷酸二氢钾溶液喷洒于叶面，以促使孕蕾开花。花蕾绽放期暂停施肥。每次施肥后，第二天清晨，需回水，更好地溶解土壤中的肥液，供植物吸收。

庭院地栽，应经常对土壤松土，增加氧含量。植株生长较快，盆栽最好每2年进行换土1次，去除1/3陈土，补充新土及增加一些骨粉作为基肥。

栽培介质

对土壤要求不严，但要花叶繁茂，盆栽最好使用含腐殖质较丰富的介质，以85%的壤土、10%的腐叶土、5%的珍珠岩加以混合即可。若是庭院地栽，只需选择排水、透气良好的壤土即可。

繁殖培育

播种繁殖，出苗至成株开花，整个生长阶段过于漫长，不予推荐。因此，多以分株繁殖为主，时间以春、秋两季较为理想。具体操作，选择阴雨天较为合适，用不锈钢尺，沿着盆壁周围插入，使泥团容易从盆中倒出，去除底部泥土，细心观察根系走势，用手顺势掰开或用利刀切开，分开后2～3株较合适，并用草木灰在受损伤的根系上均匀涂抹，再定植于盆中。

病虫害防治

蜗牛和鼻涕虫为玉簪的主要虫害，夏季或阴冷的霪雨季节，需加以防治。叶面出现不规则的缺口、孔洞，茎叶破损等症状，用 74%灭蜗佳可湿性粉剂或盆中加入呋喃丹。

购买指南

夏、秋两季在一般花卉交易市场上都可以购买到以营养钵种植的容器苗，也可在枝叶尚未萌动或花后，通过分株繁殖来获取，选用直径 15 厘米以上的盆器种植较为合适。

酒瓶兰

中文名：酒瓶兰
别　名：象腿树
科　属：百合科诺林那属

酒瓶兰是一种叶呈丝带状下垂，基部膨大如酒瓶状，形态别致的观叶植物，既可以选择大型盆栽布置于客厅、书房作为室内装饰，也可以选择精美小巧盆器种植的迷你型植株，置于案头、电脑旁，别有一番情趣，颇耐欣赏。

原产地

原产墨西哥西北部干旱地区，美国南部也有少量分布，近年来由我国引种栽培。

形态特征

酒瓶兰为百合科诺林那属，常绿多年生木本植物，经人工引种栽培，株高约 1 米左右，茎干直立挺拔，基部膨大奇特，表皮常呈龟裂状，褐色，形似龟壳，而长约 1 米的绿色叶片呈线形常簇生于茎干顶部，叶面粗糙，稍革质，叶缘近光滑而下垂，婆娑曼舞。7 ~ 8 月叶腋间盛开乳白色小花，花序圆锥形。只是盆栽很少见开花。

生长习性

性喜高温和阳光充足的环境，耐寒性较差，寒冷地区不适宜室外庭院栽培，多以盆栽观赏。

栽培管理

生长适宜温度为 20 ～ 28℃。对于寒冬腊月，耐性较原产于热带雨林气候的观叶植物强，但温度跌破 0℃且有冰霜时，还是移入室内越冬较妥，不宜过高，否则影响冬眠。我国以北寒冷地区，气温低于 5℃，须采取防寒保暖措施，气温低植株细胞原生质体的活力降低，根的吸收能力减弱，就容易枯萎。因此，放置在通风又向阳的房间内较合适，室温保持在 10℃则更佳。翌年日平均气温达 15℃以上，方可出室。

一年四季均可在阳光充足的环境下栽培，即使炎炎酷暑，在强烈的光照下暴晒，叶片也不会被灼伤。相反，日照不足则会叶色变淡发黄，茎干柔弱，不能进行有效的光合作用，也较容易遭介壳虫和红蜘蛛的危害。数量多时，可用 40%氧化乐果乳油 1 500 倍液喷杀或用 20%三氯杀螨醇 1 000 倍液喷杀。

由于酒瓶兰生长慢且较耐旱，酒瓶状肉质茎干基部能储存大量水分。因此，浇水不宜过多，栽培介质保持微潮即可，否则过于湿润容易引起烂根。5 ～ 9 月盆土表面干燥后，就应大量浇水，待盆底排水孔有多余水分流出。在江南地区，进入黄梅雨季，盆株应摆放在通风避雨处，以防不能及时排水，盆底积水引起根系腐烂。但 7 ～ 8 月盛夏季节，浇水选择日出前或日落后较为适宜。而 10 月至翌年 4 月，正处于冬季与早春之间，在管理上，栽培介质应偏干燥些。冬季，平均气温低于 0℃以下，完全停止浇水。

对肥料要求不高，用过磷酸钙、骨粉与栽培介质相拌和后作基肥。春季，新芽萌动时，施 1 次以氮为主的液体肥料，但肥液不可过浓。夏季，气温高不用施肥。秋季，天气转凉，又进入生长期，可施 1 ～ 2 次稀薄的饼肥水。冬季休眠，也不用施肥。若是置于室内莳养，则使用无机化肥会比较干净些。庭院或室外露台栽培，选择无机肥与有机肥交替使用较为理想。

栽培介质

盆栽以排水良好、疏松、通气性佳的壤土为宜。可用腐叶土、园土及少量贝壳粉混合配制。

换 盆

盆栽每 3 ~ 5 年翻盆换土 1 次，时间为晚春 5 月后或 9 月入秋后，将植株从盆中脱出后，去掉 1/3 的陈土，并对过长的须根进行短截，清除一些干瘪的老根。放置在通风处晾 2 ~ 3 小时，待根系切口处稍干燥后，再种植到盆内，换上新鲜的栽培介质，上盆时注意将酒瓶状的基部露于盆土外，供观赏之用。种植后放在荫蔽处养护 1 周后，再转入正常养护。

繁殖培育

酒瓶兰繁殖多用播种法。家庭盆栽一般不易开花结籽。可采用基部萌发的蘖芽，用消毒后的利刀切下后扦插繁殖。但此法不宜出现在酒瓶状的基部，会影响观赏，建议最好直接在花市购买成株苗。

购买指南

一般以夏、秋季购买较为合适，选择中、大型盆栽的则以叶色墨绿且细叶下垂于地为佳，而迷你型应选择多头状，叶色翠绿。

Part 3

小型观叶植物

XIAOXINGGUANYEZHIWU

豆瓣绿

中文名：豆瓣绿
别　名：椒　草
科　属：胡椒科草胡椒属

原产地

草胡椒属（*Peperomia*）主要分布于热带与亚热带地区，约有1 000种之多，我国分布于东南与西南部各省，多以室外盆栽或露地栽培。

形态特征

因叶形酷似豆瓣，所以中文名译为豆瓣绿，为常绿多年生草本植物。植株低矮，株高10～30厘米。茎通常矮小、无毛，带有肉质，叶常有互生、对生或轮生，叶全缘具长柄，无托叶，光泽。叶姿奇特，有心形、倒卵形、卵圆形或皱叶形，品种变化多样。叶色极为丰富多彩，有草坪绿、深橄榄绿、酸橙绿、胭脂红、银灰色、洒金、复色还有叶边缘层层包裹的乳白色斑纹，色泽鲜艳，美丽大方。穗状花序，花序长2～4.5厘米，直立，花细小，密生绿白色小花，花期夏季。

栽培种类

花市上最为常见的两个栽培种要属原产巴西的皱叶豆瓣绿（*Peperomia caperata*），又名皱叶椒草、紫叶椒草、四棱椒草。其

特征为叶心脏形，长3～5厘米，宽2～3厘米，叶色呈褐绿色，有光泽，脉间有青灰色皱褶，整个叶面看是波浪起伏，叶基部几乎呈黑色。盛花期多于夏、秋两季，穗状花序长短不一，花为绿白色。以及叶形酷似西瓜皮状的西瓜皮豆瓣绿（*Peperomia argyeia*），也被称为西瓜皮、无茎椒草。株高15～20厘米。叶簇生，盾形叶，具长柄，叶脉浓绿色由中央向四周辐射。

除此以外，有茎和叶柄均为红色，叶片倒卵形，叶缘有细细一条红色镶边的红缘豆瓣绿（*Peperomia clusiifolia*），原产西印度；叶片卵圆形或倒卵形，先端钝圆，叶片肥厚肉质，叶面上呈现不规则的斑块，由绿至乳黄色，十分好看的洒金豆瓣绿（*Peperomia obtusifolia* 'Green Gold'）；还有茎呈匍匐状蔓生的，叶心形，先端急尖，叶缘具乳白色条纹的斑叶垂椒草（*Peperomia scandens* 'Variegata'）；以及原产南美洲的密叶豆瓣绿（*Peperomia orba*）、原产委内瑞拉的剑叶豆瓣绿（*Peperomia pereskaefolia*）。若将两盆不同品种的豆瓣绿组合在一起，置于窗台前或台上，便可轻松拥有被你缩小的"大自然"。

生长习性

豆瓣绿耐阴能力强，而且茎、叶稍肉质，具有蓄水的功能，较耐干旱，适合直接栽植于庭院灌木丛下或点缀于花坛，但由于性喜温暖、湿润和半阴环境，不耐寒，不耐高温，怕强光直射江浙一带，盆栽观赏会更有利于夏、冬两季的管理。

栽培管理

生长适宜温度为 20 ～ 28℃。我国南方地区，即使露天栽植于背风处，也可安全过冬。最忌夏季酷暑炎热，盛夏 7 ～ 8 月，气温超过 30℃时，植株生长缓慢，被迫进入短暂的休眠状态。10 月霜降前后，需特别留意每日的气温变化，若气温降至 10℃时，为豆瓣绿生长的下限温度，极其容易对植株造成寒害，不仅降低观赏性，且对翌年的生长也会有影响。因此，长江入海口南岸地区以及华北、东北、西北等地，盆栽须移入室内越冬。

盆栽每年 6 月上旬至 9 月下旬，应予以遮阴。放置在散射光处栽培会比较好，也可选择树冠较大的灌木群落下或朝北向的窗台，但不要过于荫蔽，日照不足也会导致茎节徒长，失去光泽，对一些具斑纹的品种会因叶绿素增多，美丽的斑纹还会逐渐消失。10 月中旬到翌年 4 月上旬，置于室内具有明亮散射光处，避风保暖的环境即可，但要保持空气流通。4 月中旬，随着气温逐渐上升，植株可逐步移出室内，此时，有一个适应新环境的过程，切不可直接放置于直射光下，可先接受较为柔和的弥散光，这样枝叶不易萎蔫。

4月至10月上旬生长期间，盆栽观察土壤表面色泽已转为灰白色或是枝叶有明显的下垂、叶柄不易折断等现象的出现，可迅速补充水分。若是使用泥盆栽培，也可通过敲击盆壁的方法，当声音清脆响亮时，表明可以浇灌水分；当声音哑而沉闷时，表明水分充足。另外，在空气相对湿度较低的情况下，还应向盆株或摆放的周围环境洒水，但要注意叶面上若有水珠留存，不能直接放置在阳光下，叶面上的颗颗水珠形似放大镜，叶肉组织会直接遭到破坏，呈现半圆或不规则图形的褐色斑块，枯焦脱落。冬季，气温较低的情况下，盆土以稍干燥较为合适，若是要补充水分的话，水温应与室温相同或是在水中加入温水，以不烫手为理想。

春、秋生长旺盛期，可每隔10～15天追肥1～2次稀薄腐熟的饼肥水或复合无机肥液。不要认为是观叶植物，而只偏施氮肥，少施或不施磷、钾肥，易引起一些花叶品种的斑纹消失，降低观赏价值。

栽培介质

栽培以排水性好，疏松、肥沃的壤土为宜。若能使用75%藓类泥炭、15%珍珠岩、10%花卉控释肥（14-14-14）调制而成的栽培介质，则生长更茂盛。

繁殖培育

家庭繁殖主要以扦插法为主，优点成活率高且生长较快。分为枝插和叶插两种。时间以5～6月份进行成活率最高。夏季和

冬季都不适宜扦插，因为夏季气温过高，空气相对湿度较低，以至茎叶蒸腾快，易使枝条腐烂。冬季则温度低，伤口不易愈合。在扦插前，事先准备一个纸质的一次性杯子作为扦插容器，这样做最大的好处是待植株生根后，可将容器直接置入新盆内，纸质的扦插容器可在土壤中快速分解，成为土壤中养分的一部分，很快就会杳无踪影。而且还能省去定植后缓苗的烦恼，也不会因脱盆定植损伤根系，影响后期的生长。

选取当年生健壮带顶芽的枝条，长度 8 ～ 10 厘米，带有 3 ～ 4 个节，摘除基叶，保留上部叶片，下部切口剪成马蹄形，涂上促进生根的生长激素，或是用柳叶浸出的汁液替代。直插于介质中，扦插介质可用泥炭土或珍珠岩。扦插后保持稍润，在 18 ～ 24℃下，15 ～ 20 天即可生根。叶插法，用消毒后的美工刀或是剃须刀片，从母株上切取肥厚、无病虫害的叶片，需带叶柄并且保留叶芽，叶柄朝下，斜插于介质中，保持 20 ～ 25℃的温度，大约 1 个半月，可从叶柄处长出不定芽，并长出幼株，但不要急于定植，再观察 1 ～ 2 个月后，待生长健康后，择日再上盆种植。

病虫害防治

很少会有病虫害为害，但会因管理不善，造成生理病害，主要表现在冬季温度过低，受寒后叶面会出现褐色斑块，严重时叶子发黑，植株死亡；夏季以上海为例，平均气温 35℃左右，盆土过于潮湿或积水，茎基部就会在几天内出现变黑腐烂，枝叶脱落死亡。

冷水花

中文名：冷水花
别　名：白雪草、叶荨麻
科　属：荨麻科冷水花属

冷水花，片片绿叶突起的筋络上点缀着银白色斑纹，好似雪花飞坠，美轮美奂。正如她的英文名 Clear Weed 所寓意的“清扫卫士”，能消除油烟中的有害物质，将其分解成为营养物质，有些则形成络合物，从而降低毒性。

原产地

冷水花是荨麻科冷水花属，多年生常绿草本观叶植物，原产于越南，主要分布于亚热带地区，该属（*Pilea*）我国有 70 多种。

形态特征

株高 15 ~ 40 厘米。单叶呈十字对生，椭圆形，长 4 ~ 8 厘米。叶片狭卵形，先端渐尖，基部圆形或宽楔形，叶缘有波状钝齿。叶背淡绿色。基出脉 3 条，叶脉部分略下凹。脉之间有灰白至银白色条形钟乳体，地上茎丛生，细弱、肉质，半透明，上面有棱，节部膨大，当年生茎白绿色，隔年生呈淡褐色。聚伞花序腋生，成株开花黄绿色，雌雄异株。

栽培种类

常见的有原产南美的小叶冷水花（*Pilea microphylla*），又名透明草。株高4～8厘米，十分低矮，单叶对生，倒卵形或长椭圆形，全缘。若是温暖地区适合地栽于庭院内，生长快而易于管理。以及垂叶冷水花（*Pilea nummulariifolia*），茎呈匍匐状，蔓生，分枝性强，叶密生，圆形。悬挂于窗前或阳台，与构成别致的建筑融为一体，恰到好处地体现了“相得益彰”的意境。

生长习性

性喜温暖且耐阴性强，喜欢生长在空气湿度较高的环境处，耐寒性不好。在华南地区可地栽，我国大部分地区只适宜盆栽欣赏，冬季还需移入室内，放于向阳处，并减少浇水。此外，夏季盛夏高温，最忌盆栽置于西晒阳台上，接受强烈日光直射。

栽培管理

生长适宜温度为20～28℃，最低温度不能低于10℃。冬季最好能提供一个避风又暖和的地方，要小心寒流来袭。

6月上旬至9月下旬，上午10时至下午16时，这段时间内要避开强光暴晒，以免叶面处被灼伤，破坏叶表面结构，出现叶色泛黄，银白色斑纹也不明显，会降低观赏价值。必要时还可用竹帘进行遮挡，保持透风、凉爽，营造一个舒适的生长环境。10月至翌年4月，放置于室内朝南窗台或直接置于封闭式阳台内，充分接受较柔和的弥散光。若是遇上阴雨、下雪等不良天气因素，需要以人工照明补光。由于进入冬季以后，白天时间逐渐缩短夜晚时间随之加长，所以需要人工补光，每天超过12个小时以上较为合适。4月清明前后，可移至室外明亮处。

春季4月后，气温逐渐升高，水分消耗量明显增大，栽培基质表面干燥时或根据幼嫩的茎叶出现下垂、叶柄不易折断时，应

选择浇灌水分。若是遇上阴雨天，减少浇水次数，灵活掌握。然而，10月下旬至翌年4月，若室内温度超过15℃，栽培介质仍可保持较为湿润，但要注意通风，室内空气要保持新鲜。若室内温度只能维持在8℃左右，此时水分消耗也明显减少，可略为干燥，但也不能完全脱水，否则根系也会因无法吸收水分，枯萎而死。

施肥可用发酵腐熟后的有机肥液，每隔10～15天灌溉1～2次。但要注意，不要将肥液沾于叶面上。也可使用化学肥料，应掌握浓度，不宜过高。盛夏高温休眠期可少施或停施，冬季低温需控肥不施。

栽培介质

冷水花生性强健，虽不择土壤，较为粗放，但以60%泥炭土、20%腐叶土、20%珍珠岩混合配制作为栽培介质较为理想。

换　盆

由于生长较快，盆栽可于春季清明前后，平均温度超过15℃，进行翻盆换土1次，以适量的饼肥作为基肥，铺于第二层离根系较远处，以免肥害影响生长。底层可用碎瓦砾作为滤水层，利于排水。另外，也可对长势不佳的株形加以修剪，促发新生枝叶，保持优美的株形。

繁殖培育

繁殖可用扦插法，每年5～6月或9月，剪取当年发育充实的嫩枝，枝长10～15厘米，并带有2～3个叶芽，摘除基叶，保留顶端枝叶。剪取后立即插入纯珍珠岩的介质中，插入前可先用竹签扎好眼洞，插入深度约1/2。介质保持湿润，向植株及叶面多喷雾，减少蒸腾，在18～24℃，20～30天即可生根。

病虫害防治

若是有红蜘蛛或是介壳虫为害，可改善栽培环境的通风，同时用酒精棉擦拭叶背面、叶柄、茎干交叉处。反复2～3次即可，效果很好。

栽培环境温度低于植物生长的下限温度时，叶面会出现不规则的斑点，严重时，整株下垂出现，叶片卷曲出现萎蔫状态，这是较为常见的寒害现象，也称为生理病害。并非是病菌所引起的，也不是靠药物能医治的，不要和病害相混淆。只需提高栽培环境的温度即可。若是出现冻害，则植株会出现死亡。

购买指南

如今，花市多以迷你型盆栽种植，购买时需留意株苗是否为刚扦插不久，尚未真正成活，而只是靠植株体内的营养成分在维持绿色。

小贴士

值得一提的是夏、秋季采集，晒干后，全草还可作为药用，性淡、微苦、性凉。具有清热利湿、退黄、消肿散结，主治消化不良、跌打损伤、外伤感染等功效。

香菇草

中文名：香菇草
别　名：南美天胡荽、圆币草
科　属：伞形科天胡荽属

原产地

香菇草原产于南美洲，是我国引种栽培的多年生挺水植物，即植物的根生长在水中的淤泥之中，茎和叶则能挺出水面生长，既有陆生植物的特征，也有水生植物的特征，所以也称为“两栖植物”。我们所熟知的香蒲、荷花、水葱、芦苇、菖蒲等都属于这一类别。

形态特征

株高 5 ~ 15 厘米，茎纤细，节处生根，具有蔓生匍匐性。绿油油的叶子互生于节间处，具长柄，略波状，在阳光的照耀下，叶脉清晰可见，形似铜钱。因此，别名又叫“铜钱草”。正值春暖花开之时，呈伞状黄白色的小花在阳光中盛开，而炎炎夏日之时，球形蒴果挂于伞顶，随风摇曳。

生长习性

性喜光照、温暖的环境，略耐阴、稍耐旱。略耐寒，盆栽冬季温度不宜低于 5℃。

栽培管理

生长适宜温度为 22 ～ 30℃。环境适应能力强，自身繁衍力也快的香菇草，无论是温暖的南方地区还是寒冷的北方地区，都不适宜种植在庭院内，容易使群植的其他植物生长受抑制，占据土壤中的养分及生长空间。因此，选择盆栽较为合适。很少有病虫害的危害，非常容易管理，适合刚入门的花卉爱好者栽培。

春、夏、秋三季都适宜种植，但选择带有较多根系或有营养钵栽植的植株，种植时成活率会高些。若要生长茂密，碧绿葱郁，可选择半土半水的方式，容器可选择没有排水孔的花盆，植株从营养钵中脱出后直接栽植即可。若是选择普通有排水孔的花盆，必须长期保持湿润。而选择裸根栽植时，时间以阴雨天为宜，减少蒸腾，连同叶柄全部剪去，这样成活较容易些。

香菇草为典型的阳性花卉，在较强的光照下生长良好。虽耐阴，在荫蔽或人工照明的环境下也能生长，但叶较小，叶柄容易徒长，株形松散而且不易开花。春、秋、冬三季都要在阳光充足的环境下生长，每天接受至少 6 小时的日照。盛夏高温季节，只

需给予上午3～4小时日照，以免光线过强使叶缘枯焦影响观赏。香菇草具有向光性，其茎叶会偏向有阳光的一面生长，时间一长整株就会显得不美观，为了使整株生长均匀，姿态优美，应每周转盆1次，更换方向。

四季都要保持湿润，否则很容易出现叶片发黄，叶柄下垂。我国北方地区的水质普遍偏硬，所谓硬水是指水中含有大量钙盐和镁盐离子，也就是我们俗称的水质偏碱。长期使用碱性较高的水浇灌，对植物的生长和发育都会带来一定的影响，也会导致一些生理性病害的发生。因此，以软水浇灌为佳，pH保持在6～7，呈弱酸性至中性。

除冬季外，一般可每隔10～15天施放1次氮、磷、钾均衡的复合肥。但是，对使用半土半水方式栽种或直接水栽的，不能使用有机肥液浇灌，在水中有机肥发酵分解后，会使水浑浊、根系也会缺氧导致死亡。以化学肥料经稀释后的液态肥浇灌为宜，但要遵循“宁少勿多”的原则。

栽培介质

对栽培介质要求不高，以保水性良好的壤土为佳。盆栽可选用腐叶土和园土等份比例配制。

换　盆

植株生长较快，成株苗每 2 年更换 1 次栽培介质，并疏剪呈褐色已腐烂的根系。

繁殖培育

繁殖常用分株法，南方地区全年可进行，北方地区和长江入海口南岸地区，以春、夏、秋三季较为合适。将植株从盆中脱出后，用手轻轻地掰开或用刀对切开即可，栽植于新盆内，服盆 1 周后，就可逐渐转入正常养护，增加光照。服盆期间不要施肥，保持栽培介质湿润，置于半阴处。

病虫害防治

一些因栽培不当而引起的生理性病害，需多注意。①出现叶柄下垂、叶薄无光泽、叶面黄化，须立即浇水，可以在盆底垫上盛有清水的托水盆，以防盆栽脱水时，也有水分的补充，此现象多表现为盆栽使用有排水孔的容器，且土壤栽培。②叶面褪绿、植株呈萎蔫，最后死亡，并且盆边缘会出现白色结晶，是由于浇灌了含盐分较高的水所引起的。

彩叶草

中文名：彩叶草
别　名：老来变、五色草
科　属：唇形科鞘蕊花属

原产地

叶子娇艳多变、绚丽多彩而闻名世界的彩叶草，又名洋紫苏。英文名 Skullcaplike Coleus，译有“锦紫苏”之意。原产印度尼西亚，以亚洲、大洋洲、热带及亚热带地区分布较多，约有 150 种，是多年生常绿草本植物。

形态特征

株高 30 ~ 50 厘米，茎有棱角，全株密被一层绒绒细毛。单叶对生，叶缘有锯齿，阔披针形至卵形，渐尖。叶色有大红脉筋黄色边的、有红紫纹深红边的，黄叶绿边的，还有深绿镶红纹的及各种丰富的彩色图案组成，那些争奇斗艳的色泽，更像是美术家们艺术灵感的随意泼洒，给人以浑然天成而又错落有致的美感。这也正是人们乐意欣赏的原因所在。花小，浅蓝色或浅紫色，似一串串紫水晶鞋。初夏到来之际，叶色鲜艳夺目的彩叶草，正是布置阳台、窗台花槽、组合盆栽、庭院等美化环境的首选观叶植物。

栽培种类

在园艺上主要栽培的变种有五色彩叶草（*Coleus blumei* ‘Verschaffeltii’），叶片上有淡黄、桃红、朱红、暗红等斑纹。除此之外，同属观赏性较高的还有原产斯里兰卡的小彩叶草（*Coleus pumilus*），株高15～20厘米，茎横卧，呈匍匐生长，单叶对生，菱形，长2～3厘米，叶面暗褐色，边缘嫩绿色，背面色淡，花期夏季，蓝绿色，圆锥花序，长10～12厘米，为多年生草本植物。以及株高80～100厘米，叶鲜绿色，呈心脏状卵形，缘具粗锯齿，花亮蓝色，轮伞花序，着花3～10朵，呈穗状排列，花期11～12月份的丛生彩叶草（*Coleus thyrsoideus*）。而花卉市场上出售的都以彩叶草（杂交种）（*Coleus hybridus*）居多。

生长习性

性喜温暖、光照充足的空气流通环境。在生长期需要较强的自然光照射，叶片的光合作用也会特别旺盛。如果在寒冷、光线较弱的环境下，会使叶色变淡，茎节明显细长。因此，南方温暖地区无论是盆栽还是地栽于庭院作花境布置都相当合适。

栽培管理

生长适宜温度为15～25℃。能耐高温，在气温32℃下也不会对生长带来影响。若是连续20天以上，平均气温在10℃左右，就要考虑移入室内暖和避风处管理，盆土略为干燥会比较适宜，过冬温度宜在8℃以上，低于5℃时就会大量落叶。

彩叶草生性不耐阴，除

冬季外，春、夏、秋生长旺季，都应置于室外阳光充足处栽培，冬季可放置在朝南房间内，充分接受日光浴。

对水分的需求，春、秋两季，待盆土表面干燥后，见白茬出现，容器重量明显变轻，就可大量补充水分，不过浇灌应于上午10时前为宜，浇则浇透。春秋多雨时节，还要防止盆土积水，一旦造成积水，就会导致土壤缺乏氧气，迫使植物进行无氧呼吸，致使吸水和吸肥受阻，生长受阻。需特别注意的是，夏季气温高，容器栽培不同于地栽，水分蒸发快，容易造成盆土脱水，植株顶芽萎缩，茎干和叶片低垂，应先将盆株移至半阴处，待容器温度稍凉后，再浇透水，使根系不会因温差而受损伤，影响后期的吸水能力。夏季浇水选择在没有阳光照射下进行。在气温低的环境下，叶片水分蒸发少，因此，对水分的要求也低，盆土可略偏干，不宜浇灌过多的水分，以免引起根系呼吸困难，最后因缺氧、烂根而死。

盆栽可用干鸽粪作为基肥，其优点为肥效长而且使用后不容易流失。在生长发育的关键期，每隔15天施放1次腐熟的稀薄肥，能促进叶形匀称，叶色鲜艳。盛夏温度高，肥料分解快，宜分次施用，以防肥力过大。此外，施肥不宜过浓或过量，否则易导致新叶生长畸形，严重时，新叶及老叶枯萎、脱落，整株死亡。当然，施放过多的氮肥，叶色变浅无光泽，枝条徒长而软弱，也应加以注意。

修 剪

夏、秋季节，可利用顶端优势，时常对植株进行打顶，促使多分侧枝，能使叶片生长茂密，而株形饱满更美观。若不打算留种，夏季花穗形成时，应及时摘除，积累更多的养分，供茎叶生长。

栽培介质

盆栽彩叶草的土壤以疏松、肥沃、排水良好的为佳或富含腐殖质的壤土。

繁殖培育

可使用播种或扦插法繁殖。长江入海口南岸地区播种以3月中旬较为合适，可用泥炭土加入20%的珍珠岩作为播种介质。播种前，先用“浸盆法”，使盆土充分湿润，因种子细小，可用镊子小心翼翼地将种子播于盆内，并覆盖细土（这样做的好处是，不会因播种后浇灌水分，而把种子冲刷出来）。置于有阳光处，保持20～25℃适温，播后10～15天发芽，待子叶出苗后，每周用50%百菌清可湿性粉剂1 000倍液喷施，防猝倒病，连续2～3次。并逐渐移至阳光充足处，待长出4片真叶时，即可进行移栽。也可用扦插法繁殖。以春、夏季为宜，选取充实饱满无病害的枝条，插条长10～15厘米，基部带有1～2个芽眼，适温15～25℃，保持空气湿度约为70%，两周后能发根。成活后，主茎长至15厘米高时，可以通过摘心达到更多的分枝，使植株矮壮、姿态优美，有较高的观赏价值。

病虫害防治

彩叶草生性强健，很少有虫害为害。若长期置于室内观赏，要注意观察叶背面、茎节处，常易受到介壳虫和红蜘蛛为害。发现时可用 40%的氧化乐果乳油 1 000 倍液防治。

购买指南

一般多以在花市购买盆栽成株栽培，选购时以没有花蕾者为佳。若要获得更多株苗，也可自行使用修剪下的枝条作为插穗，通过扦插繁殖来取得。定植时，以直径 10 厘米的盆种植一棵为宜。

网纹草

中文名：网纹草
别　名：费丽花、网目草
科　属：爵床科网纹草属

原产地

网纹草属植物原产南美秘鲁。又名费通草，为多年生常绿草本植物。

形态特征

网纹草植株低矮，具匍匐茎，呈匍匐状蔓生，高5～20厘米，茎呈四棱形，密被粗短毛。翠绿色叶片纸质，呈十字对生。长约8厘米、宽约7厘米的卵形叶片，先端略尖。网纹草最大的特色就是叶片上会布满白色或红色的美丽网脉，每一片叶子宛若艺术家手中的画笔，勾勒出一条条绚丽精致的轮廓线，组成一幅幅美丽而动人的图案。细细的枝丫，撑起一片片绿叶，轻风慢舞中透射出虽玲珑轻巧，却宁折不弯的坚强。在室内盆栽种植可置于桌面、书房、茶几、窗台或案头，格外雅致。也可用作吊挂装饰栽培。

小贴士

其属名（*Fittonia*）是取自《Conversations on Botany》一书作者的姓氏（Fitton）。

栽培种类

常见本属观赏种类有叶脉呈银白色，茎有粗毛，叶片卵圆形的白网纹草（*Fittonia verschaffeltii* ‘Argyroneura’）、叶脉银白色的矮生品种小叶网纹草（*Fittonia verschaffeltii* ‘Minima’），以及拥有红色网脉的红网纹草（*Fittonia verschaffeltii* ‘Pearcei’）等等，都是非常有人气的品种。

生长习性

网纹草性喜高温高湿的气候条件，畏寒，怕霜冻，喜光照柔和，不耐湿涝。

栽培管理

生长适温为 20 ～ 28℃。对温度特别敏感，冬季越冬温度不低于 15℃，温度在 13℃以下，生长就会停止，部分叶片开始泛黄脱落，但茎干不会受寒害影响，如温度逐步回升到 18℃以上，可继续萌发新叶。倘若温度低于 10℃，会导致叶黄枯焦脱落，严重时甚至死亡。

网纹草是小型室内阴生观叶植物，在西方十分流行。叶片薄而娇嫩，不能直接接受强烈的阳光，栽培处以日照 40%最佳，很适合四季都放置在室内栽培。不过由于其耐寒性差，一般只能种植在容器里观赏。

网纹草以散射光最好，即透过玻璃照射进的阳光，忌直射光。光照过于强烈，

会使叶片卷缩，并失去艳丽的色彩。夏季需设遮阳网，以60%遮光率最适宜。冬季需置于阳光充足之处，中午时稍遮阴保护，阴雨天可以灯光作为辅助光。这样叶片才能生长健壮，叶色翠绿，叶脉清晰可见。若长期处于荫蔽无光照处，茎叶易徒长，叶片观赏价值欠佳。

在高温多湿的环境下，生长较快。需要充分浇水，应掌握“宁湿勿干”的原则，但排水需良好，切不可使盆土积水，造成缺氧，引起茎、根系腐烂而死。特别在夏季高温季节，或是摆放在有空调设备的环境下，水分蒸发量大，空气干燥，除浇水增加盆土湿润度以外，还需较高的空气湿度，可在叶面喷雾和地面洒水以保持较高的空气湿度，有利于茎叶生长。但冬季室内温度过低时，盆土可略干燥些，在此期间要特别注意水温，浇灌根部的水温要和室内温度相同，水温过低会对植株造成伤害。摆放环境周围的小气候湿度也可适中些。

生长期间，每隔2周施1次稀薄的复合肥液，以根外追肥为主，由于枝叶密生，施肥时应注意肥液不要接触到叶面，以免引起肥害。低温下，不要施肥。

修剪

为控制植株高度，促使多分枝，达到枝繁叶茂，可在生长旺盛期，每4对叶时，摘心一次，待腋芽生长出来，植株的形态渐渐丰满。并且及时清除老叶和黄叶。

栽培介质

培养土以富含腐殖质的弱酸性介质为佳，也可用泥炭土、腐叶土和珍珠岩等量混合配制。种植盆具不宜太大，直径 8 ～ 10 厘米的浅盆为好，且盆底要垫好排水层利于排水，排水层可用细石、瓦砾组合而成。

繁殖培育

多年生长的老株，到第 3 年后，逐渐退化衰老，应重新剪枝扦插更新。

盛夏时花都着生于茎顶，开黄色小花，为穗状花序，不容易结籽，往往都是靠扦插、分株、堆土压条来繁殖。扦插时，南方地区全年可以扦插繁殖，但以 5 ～ 9 月温度稍高时扦插成活率最高。挑选茎干长 8 ～ 10 厘米的枝条，保留 3 ～ 4 个节，去除最下面的叶子，但要保留上部叶片，利于光合作用，用湿润的水苔包裹，插入介质后在 20 ～ 25℃的环境下，大约 3 周后就会生根发芽。若温度过低，则生根较慢。扦插成活后，一般 1 个半月后可定植，并按正常方法管理。也可用水插繁殖。分株可结合翻盆进行，对茎叶生长比较密集的植株，用利刀进行分切，只要匍匐茎在 10 厘米以上带根切下，可直接盆栽，在半阴环境下服盆 2 周后，转入正常养护。

堆土压条则将匍匐茎节上已长出不定根的，直接埋入土中，保持湿度，并用环行针将其固定住，待匍匐茎节上生根后，直接剪离母株并分别栽种。

病虫害防治

常见病害有叶腐病和根腐病为害，叶腐病用 25%多菌灵可湿性粉剂 1 000 倍液喷洒防治。根腐病则用链霉素 1 000 倍液浸泡根部杀菌。虫害有介壳虫、红蜘蛛和蜗牛等为害。介壳虫可用 40%氧化乐果乳油 1 000 倍液喷杀。红蜘蛛又称叶螨，虫体非常小，仅

针尖大小，不到1毫米，圆形或卵圆形，体呈橘黄色、红褐色等，肉眼看仅为红色小点。一般一年可发生10代以上，在气温高、湿度大、通风不良的情况下，繁殖极快。以吮吸汁液为害植株，初期叶片失绿，叶缘向上卷翻，以致焦枯、脱落。发病初期，可在植株盆中点燃一盘蚊香，再用塑料袋连盆扎紧，经过半小时左右的烟熏后，均可杀死。蜗牛可人工捕捉或用灭螺丁诱杀。

购买指南

春季在花市上很容易见到，应选择株形低矮，无脱脚现象的健康植株。

花友心情

终于拿到期待已久的种子，赶紧播种入土，天天盯着花盆，希望她快点长出来，幻想着她长出碧绿油亮的枝叶来。结果什么都没有，后来才知，每一种种子都有她的播种时间、播种适温以及发芽需光性，并不是随意埋入土中就会生根发芽的。

姬凤梨

中文名：姬凤梨
别　名：海星花、紫锦凤梨、斑纹凤梨
科　属：凤梨科姬凤梨属

原产地

叶边缘波涛起伏，叶面又嵌有美丽条纹，外形姿态优雅，犹如海底披着华丽衣裳的海星，舒展着她柔美的身姿，或静谧安逸，或翩翩起舞，朦朦胧胧间更添动人妩媚的姬凤梨，原产于拉丁美洲的巴西和圭亚那的凤梨科多年生常绿草本植物，主要分布在巴西的原始森林中。我国南方民间也有栽培。

形态特征

植株较低矮，株高仅 8 ~ 10 厘米，是凤梨科植物中株形最小的一种。地上部分几乎无茎，植株进入生殖期阶段后，其叶丛直径从 10 厘米一直到 20 厘米，盆栽地上部分的高度也只不过 5 厘米不到，叶片从根茎上密集丛生，紧贴盆土表面，层层叠叠的叶片水平伸展呈莲座状。叶肉肥厚硬革质，呈条带形并且边缘有锯齿，先端尖锐，叶背面有银白色鳞片。花葶自叶丛中抽出，呈短柱状，花序莲座状，花小，白色。

小贴士

姬凤梨的属名（*Cryptanthus*）是源自希腊语 cryptos 和 anthos 二词的组合，意味着“花细小得让人难以察觉，有如被隐藏了似的”。因此，俗名也被称为“隐花凤梨”。不同于凤梨科其他植物，她的魅力在于鲜艳的叶色，丰富多彩，而且植株娇小玲珑，适合点缀于写字台、茶几或窗台上，非常吸引人的眼球。

栽培种类

其中最具有代表性的栽培品种有原产巴西，生于林地半阴处的双带姬凤梨（*Cryptanthus bivittatus*），株高约 8 厘米，株径可达 22 厘米，有叶约 22 片；叶片阔披针形，红褐色有 2 条银白色的纵带，背面紫红色，顶端尖锐，边缘波状有细齿；小花白色，生于顶端心叶间。现已有多个品种和变种。还有学名为 *Cryptanthus bromelioides* 的长叶姬凤梨，其特征高 25 ~ 30 厘米，株径约 35 厘米，有 12 ~ 13 片叶，叶片宽披针形，顶端尖锐，深黄绿色纵条纹，边缘波状有锯齿，叶背微带红色，小花白色。以及叶面带有不规则白色云彩斑纹的云纹姬凤梨（*Cryptanthus bivittatus*），又称小花姬凤梨。植株高约 15 厘米，株径约 20 厘米，有 7 ~ 8 片叶，叶卵形，边缘有小锯齿。小花白色。

另外，还有一些人工栽培品种。如红边姬凤梨（*Cryptanthus* ‘Coster’s Favourite’），特点是叶片中间暗绿色，边缘有红色镶边，色彩强烈。学名为 *Cryptanthus* ‘Zebrinus’ 的斑马姬凤梨，叶片红褐色有银白色斑马条纹，顶端尖锐，常向下弯曲，边缘波状有锯齿，小花白色。

生长习性

性喜高温、高湿、半阴的环境，怕阳光直射，怕积水，不耐旱、不耐霜寒。

栽培管理

姬凤梨生长适宜温度为 20 ～ 28℃，在高温、高湿的气候条件下生长良好，而空气湿度相对较低，环境干燥并且经常遭遇低温的环境，则生长会受抑制。长江入海口南岸地区以种植于盆器内比较容易管理。除 6 月上旬至 9 月下旬，需放置在室内朝东窗台边，接受隔着玻璃窗折射后的日照。其余时间，均可置于室外阳光充足处。但长江入海口南岸地区，霜降后气温变化较大，需多留意叶色变化，若是从鲜艳转至暗淡无光泽时，表明栽培环境温度过低。

日照不足，长期放置在荫蔽环境下，即使是光线明亮的地方也会使叶色泛绿，斑纹褪去，发育不良。因此，栽种时一定要选择有自然光线的环境，因为自然光线主要是来自于太阳光，而普通的人工照明不能满足姬凤梨的生长。但也要根据季节变化，来考虑摆放的位置，若是夏季日光强烈，就应给予遮阴，可以减少叶面被灼伤。

好生于空气湿度较高的环境，耐旱能力较差。环境温度若是能时常保持在 25℃左右，盆土应保持湿润，并且增加对植株及周围环境的喷雾，维持小气候的空气相对湿度，使其生长良好，尤其是盛夏高温季节，应增加喷雾次数，以免环境不适导致生长缓慢，出现叶尖枯焦卷曲的现象。冬季温度低于 15℃，盆土可稍保持干燥，根部过于潮湿，容易导致根系腐烂，也应减少对植株的喷雾次数或停止喷雾，若是喷雾，水温要与室温相同，否则叶面极容易出现黑色斑点，降低观赏价值。

生长期每月施放 1 次肥，可用经腐熟后的有机

肥液浇灌，不仅能使叶色艳亮，而且还能形成腐殖质，改良土壤结构。若是进行叶面追肥，不要将肥液玷污至叶筒中，以免引起腐烂。

栽培 3 ～ 5 年后，基部老叶会逐渐枯萎，需及时摘除，增加透光，利于根际处抽出蘖芽。若是环境空气相对湿度较低，引起叶尖枯焦卷曲，也应及时剪除。

栽培介质

栽植姬凤梨要求疏松、肥沃、腐殖质丰富、通气良好的土壤。以 85% 的泥炭土加 15% 的腐叶土混合后的介质栽培，则生长更佳。也可使用洋兰栽培介质，如树皮、木炭、水苔、蛇木等。

繁殖培育

家庭繁殖多用分株法，优点成活率高，操作简便。长江入海口南岸地区，除冬季外，均可进行。只需将母株从盆中脱出，用手轻轻掰开从根际处长出的蘖芽，直接栽于盆器中，并放置于灌木群落下养护。若是刚入门的花卉爱好者，在选择盆器时需注意，应选择盆径为 5 厘米，高为 6 厘米的浅盘较理想，因为植株小盆器小，浇水时即使水量过多，也不会对植株造成很大的伤害。若是选用多孔的塑料盆，应该在底层铺上高约 2 厘米的滤水层，可选用浮石，若是成本过高的话，也可用碎瓦砾替代。

病虫害防治

高温闷热的环境，容易发生叶斑病为害，摘除病叶后，可用 50% 甲基托布津可湿性粉剂 1 000 倍液喷洒，出现病害的植株应与其他同属植物单独隔离，以免被传染。

垂吊观叶植物

CHUIDIAOGUANYEZHIWU

巢　蕨

中文名：巢　蕨
别　名：鸟巢蕨、雀巢蕨、台湾山苏花
科　属：铁角蕨科巢蕨属

原产地

在观赏蕨类家族中，常成丛附生于海拔 100 ~ 1 900 米的雨林丛中的树干上或林下岩石上的巢蕨，原产热带及亚热带地区，我国主要分布于华南和西南地区，而马来西亚、柬埔寨、日本、大洋洲热带地区及东部非洲均有分布。现世界各地温室均有栽培。

形态特征

巢蕨为多年生常绿附生蕨类植物，株高 1 ~ 1.2 米。根状茎短而密生鳞片。其株形如枝杈托着鸟巢，巢中林立着一簇革质披针形叶片向上张开，仿佛将北京奥运现场炫彩旗林的壮观景象定格在人们的记忆中。巢中机能将所接受之雨水、枯枝落叶乃至鸟粪“变废为宝”，成为营养之源。

栽培种类

其中许多种类不但具有观赏价值，而且嫩叶还可食用，但性味偏寒凉，不宜多食。近几年颇为流行的皱叶鸟巢蕨（*Neottopteris nidus* ‘Plicatum’）就具有极高的观赏性。株高 60 ~ 80 厘米，株形丰满，比原种低矮。厚纸质叶片簇生于基部，呈椭圆状披针形，叶片成波状皱。还有株形较美观的圆叶鸟巢蕨（*Neottopteris nidus* ‘Avis’），叶身宽阔短小，叶缘波浪状。以及外观独特的卷叶鸟巢蕨（*Neottopteris nidus* ‘Volulum’），其叶片卷曲波浪状，叶缘及叶脉具有淡黄色或灰绿色斑条。这些园艺栽培种不但适合于盆栽观赏，布置于明亮的客厅、书房或卧室，凸显空间的勃勃生机，而且形似海绵状的须根极富生机，可吸附于中空的蛇木柱上缓缓生长，与之融为一体，煞是美艳。

生长习性

要栽培好鸟巢蕨，就需提供一个高温、湿润和半阴的环境。由于不耐低温，无法承受强光直射，只有在南方温暖地区，全年均可生长并能露地越冬。而对于寒冷地区，盆栽一般只需置于室内就能安全越冬。在栽培上较为简便，若是能长期处于空气湿润的状态，生长更旺盛。

栽培管理

生长适宜温度为20～30℃。在高温下叶片伸展较快，而在25℃内叶背容易形成孢子囊群，甚至可长满至叶缘处。高温下还需防治炭疽病的危害，感染叶片多以嫩叶为主，具体表现为叶缘或叶尖呈水渍状近圆形褐色斑块，会逐渐成焦黄，严重时死亡。特别是长江入海口南岸地区在进入黄梅雨季时，发病率较高，可用70%的甲基托布津可湿性粉剂1 000倍液喷洒或是用多菌灵、百菌清等类似药物喷洒预防。冬季5℃以下，便会生长不良，叶片由绿转为黑褐色，甚至枯萎死亡。

生长期间，怕烈日阳光暴晒，所以在盛夏6月上旬至9月下旬期间，都要采取遮阴降温措施，放置在没有强光直射的地方，防止叶面被晒伤。10月至翌年5月，选择朝南或朝东向的居室或阳台，接受部分光照。

在温度较高的生长期，盆栽浇水要充足，还要常用喷水壶对叶面喷雾2～3次，同时对摆放环境的周围洒水，也能提高局部环境的空气相对湿度。如果在气温较高的情况下，空气湿度低，

又受穿堂风的影响，会使植株蒸腾加快，极易造成体内水分失调，导致叶缘蜷曲，干枯而死。气温较低时，保持盆土微潮不干燥即可，以免水分过多对植物根系造成很大伤害。

盆栽巢蕨，只需在生长期，每半月浇灌 1 次腐熟的有机肥液，就能不断生长出新叶，或是使用化学肥料，但应避免过量使用，掌握合适的比例。当然，也可利用其特性，将枯叶朽枝撒于巢穴中，令其慢慢转化吸收。在撒落前先要进行筛选，对染有病虫害的要及时清理。夏季气温高于 35℃或是冬季低于 15℃，在休眠期可不用考虑施肥。

栽培介质

对栽培介质要求较高，与普通的盆花有所不同，以腐殖质丰富的微酸性土壤为佳。盆栽可用细树皮、苔藓、蕨根加少量的腐殖土拌匀混合而成。

换 盆

生长 2 ~ 3 年后，最好进行 1 次换盆翻土，时间以 4 月中旬较合适。将植株从盆中脱出，轻轻拍下根际处的陈土，修剪掉老根但不要伤及新根，并剪去外层已枯黄的叶片。更换栽培介质后重新栽植于比原盆稍大一号的盆器中，在盆底多垫些碎瓦片，保证排水通畅、透气良好。换盆后需放在半阴的地方，待其新根不断长出后再逐步增加光照。

繁殖培育

繁殖可用孢子播种或分株法，但两者都各有优缺点。孢子播种优点株形完整，生长健壮，寿命长；缺点整个生长周期时间较长。具体操作方法：首先要获取成熟孢子，然后对栽培介质进行消毒，再将孢子均匀撒于介质上，将盆器浸于水中，待充分湿润后，盖上玻璃或透明薄膜，置于阴凉场所，经 1 个月后出现绿色原叶体，待长出 6 ~ 7 片真叶后，即可定植。分株法优点可缩短生长周期，保持母本特性；缺点成苗后根系发育不如播种且恢复较慢，繁殖系数有限，容易破坏株形。具体操作方法：可结合翻盆换土时进行，将根状茎连同叶片对切即可，栽植盆器中，放置在无阳光直射的地方，保持 22 ~ 25℃，则成活率较高。

病虫害防治

为害鸟巢蕨的主要病害为炭疽病，多发生在高温下，感染叶片以嫩叶为主，具体表现为叶缘或叶尖呈水渍状近圆形褐色斑块，会逐渐焦黄，严重时死亡。特别是长江入海口南岸地区在进入黄梅雨季时，发病率较高。可用 70%的甲基托布津可湿性粉剂 1 000 倍液喷洒或是用多菌灵、百菌清等类似药物喷洒预防。

花友心情

喜欢花草是受外公的影响，小时候就跟他学着松松土、拔拔杂草……

如今工作五年了，不敢说物质上有什么大收获，但是精神上的享受却收获颇多，也许是开始对新的生活有些茫然，有了时间，就学着种花，因为居室不大，就选择一些小巧适宜摆放、又容易管理的。特别喜欢看到新芽出土的那种感觉，总是觉得生活是很美好的，充满希望。

鹿角蕨

中文名：鹿角蕨
别　名：二歧鹿角蕨、蝙蝠蕨
科　属：水龙骨科鹿角蕨属

鹿角蕨是一种具有婀娜多姿优美形态，且叶形宛如麋鹿角的大型附生蕨类植物，也是室内悬挂植物中最具观赏性的，常悬挂于室内厅堂或作吊盆装饰。或是与其他蕨类植物搭配，作组合盆栽，置于客厅茶几、浴室或化妆台，让精神感到更轻松。

原产地

原产澳大利亚东北部沿海地区的亚热带森林中，新几内亚岛、新喀里多尼亚及爪哇等亚热带地区。为水龙骨科鹿角蕨属植物，全属（*Platycerium*）约有 15 种，主要分布于非洲、马达加斯加、东南亚以及南美洲的安第斯山脉。而我国仅有一种重裂鹿角蕨（*Platycerium wallichii*），主要产于云南西南部的盈江，海拔 210 ~ 950 米山地雨林中。是我国二级保护植物，也是唯一具有绿色孢子的种类。缅甸、泰国、印度东北部亦有分布。

形态特征

原生环境下，多附生于树干分叉或有腐殖质的岩石上，株高

40～100厘米。奇特的是叶通常有两型，分为不育叶和可育叶。不育叶又称营养叶，直立而生，宽阔的圆形叶片，基部截形或心形，叶缘波浪起伏，新叶为淡绿色，随着生长逐渐干枯后变为褐色，其具有良好的贮水组织，还能包裹基部的附生物，但不能产生孢子。可育叶也叫孢子叶，成熟后在叶片顶端的背面会产生孢子囊群，囊内会产生孢子。待孢子成熟后，在合适的条件下，就会长出幼苗。可育叶通常下垂，二至五回叉裂，叉裂成对称或不对称裂片，故又称二叉鹿角蕨。也是主要观赏部位，提供植株的大部分养分。

栽培种类

一些主要的园艺栽培种有‘La Reunior’、‘SanDiego’、‘Roberts’、‘Ziesenhenne’等。还有不少在鹿角蕨家族中具有观赏价值的种类，同样原产于澳大利亚的银色鹿角蕨（*Platycerium veitchii*），别名立叶鹿角蕨。可育叶被有白色细毛，直立生长。对光线适应性较强，性喜强光，耐旱性较好，栽培容易。还有体型最大的女王鹿角蕨（*Platycerium wandae*），产于印度尼西亚，孢子叶自第一分叉后呈现长短不依的叶形。对温度要求较高，适宜在18℃以上生长。以及分布于菲律宾的大叶鹿角蕨（*Platycerium grande*）。特征为具有高大的营养叶，顶端具深裂。孢子叶宽大于分叉。耐寒性较差，虽很容易管理，但只能孢子繁殖。

生长习性

性喜温暖、湿润和半阴的环境，有一定的耐旱力，但畏惧强光直射，且耐寒性较差。冬季，需放置在室内或温室栽培。

栽培管理

生长适宜温度为 20 ~ 25℃。长江入海口南岸地区，最好在 10 月下旬，就将其置于室内，直到翌年 5 月出室。秦岭—淮河以北地区，入冬较早，可根据气候变化，灵活调整。对越冬温度要求并不高，室温 5℃就可安全越冬，由于低温生长慢，浇水也要相对减少，保持干燥些为好。

6 月上旬至 9 月下旬，是栽培好鹿角蕨的关键所在。这段时间我国大部分地区，日照强烈，光照度强，若是置于室外栽培，最好放置于遮阳网下，可有效防止烈日直射，否则易引起叶缘枯焦、叶面出现黄斑，严重灼伤叶肉细胞组织，影响观赏。室内栽培，也需调整摆放的位置或架设竹帘遮光 75%，增加对叶面喷雾的次数，能有效地降低周围小气候的温度，提高空气相对湿度，非常有利于营养叶和孢子叶的生长发育。10 月至翌年 2 月，随着冬季的到来，天气渐冷，选择朝东或朝南的窗台边接受柔和的日照。若连遇阴雨天数日，建议人工照明 2 ~ 3 小时为宜。3 月至 5 月，气温和地温普遍升高，沉睡了一个冬季的万物开始苏醒，很少出现忽冷忽热的现象，空气湿润，又进入生长期，可选择清晨与傍晚柔和的阳光。

盆栽观赏，夏季生长旺盛期，要保持充足的水分。尤其是放置在室内有空调的环境下栽培，水分蒸发快，容易遗忘浇灌。也可每隔 3 ～ 4 天连盆一起浸入水中，待表面湿润后，取出即可，但不能长时间浸泡于水中。北方冬季，室内有暖气，空气较为干燥时，还需多向植株喷水，但水温应与室内温度相同，因低温刺激，叶面会出现数量不等的黑色圆形斑块，叶片会逐渐枯萎。

在生长期，可每月叶面追肥 1 ～ 2 次稀释后的液态肥，肥料可选择 0.1% ～ 0.2% 比例的尿素溶液，使植株生长旺盛，叶片鲜绿且肥厚，但要掌握“宁少勿多”的原则。冬季气温较低，生长缓慢，处于休眠状态，不用施肥。

栽培介质

盆栽可用泥炭 : 珍珠岩 =3:1 的比例混合后，加少许腐叶土作为栽培介质栽植，表面可包裹新鲜水苔，能起到良好的保湿效果。盆底需垫上 2 ～ 3 厘米厚的碎石粒，增加良好的排水性。也可直接悬挂栽植，利用细铅丝将植株固定在蛇木板上，并用苔藓及少量泥炭作为介质塞入营养叶底部，垂挂于有散射光处。

换　盆

一般不需要翻盆，只需每年补充新鲜的腐叶土及水苔藓即可。

繁殖培育

可用分株或孢子繁殖，但分株繁殖成活率高，生长周期较短。时间可选择夏季生长旺期进行，用消毒后的利刀，直接沿不育叶（即营养叶）底部和四周切开，带根栽植于盆中并覆盖苔藓保湿，保持较高的空气湿度，长出新的可育叶后（即孢子叶）就可转入正常养护。或是生长多年后，植株逐渐成熟，在不育叶上会生有若干个蘖芽，待其长至 10 ～ 15 厘米高后，连同不育叶一起切离，即可成为独立植株，栽于盆器内。孢子繁殖，孢子的采收时期多在夏末初秋。成熟植株的可育叶背面会有一些凸起的颗粒物，就是孢子囊群。随着孢子囊由浅绿色转为深棕色，就可采集孢子。播种介质需选用保水、透气性良好的，可用泥炭∶素砂 =2:1 或是用珍珠岩替换素砂也可以，经消毒后放入盆器中，事先将盆浸透水，使介质均匀湿润。孢子直接撒于土壤表面，也无需覆土，盖上玻璃板，目的是既能保温，又能提升容器内的湿度。置于 20 ～ 26℃的半阴环境下，大约 2 个月后才会长出新叶，在此过程中要保持较高的湿度，每天用喷雾器喷细雾 1 ～ 2 次。待新叶长出后，可逐渐揭开玻璃板。

病虫害防治

栽培过程中，要注意通风，保持空气流畅，可减轻叶斑病的发生，初期会在孢子叶表面出现不规则的黑斑，逐渐蔓延至整个叶面，可用 70%甲基托布津可湿性粉剂 600 ～ 1 200 倍液或 80%的代森锰锌 500 倍液喷施防治。

购买指南

一般可于春、夏两季，选择孢子叶叶缘端无焦黄、向内卷曲，营养叶肉质肥厚的健康植株。

花友心情

春节，想给家里增加些喜庆，硬拉着姐一起逛花市，兴高采烈地买了盆“红宝石”回家，兴趣颇高，每天早晚各一次给它浇水。春节过后，自己的兴趣似乎在慢慢消退，以后几天没有再给它任何“照顾”。过了几天再看时，已经开始凋谢。此刻，我才恍然大悟：生命是如此脆弱，只要不慎，就会消失得无影无踪，这让我体会到了生命的可贵。

虎耳草

中文名：虎耳草
别　名：耳朵红、老虎草、石荷叶
科　属：虎耳草科虎耳草属

形似老虎耳朵而得名的虎耳草，又名金线吊芙蓉、金丝荷叶。又因其叶基部心形寓意为“真切的爱情”。

原产地

虎耳草原产我国河北、陕西、甘肃东南部、福建、台湾、云南东部和西南部。朝鲜、日本也有少量分布。

形态特征

属于多年生常绿草本植物。株高 10 ～ 15 厘米，全株有毛。叶自基部簇生，肉质，叶片圆形或肾形，基部心形，边缘有不规则钝锯齿，叶柄长，叶正面绿色，具有白色网状脉纹，背面紫红色，两面均密覆白色茸毛。在盛夏来临之际，开始绽放白色小花，并从茎部长出紫红色细长的匍匐茎，顶端会长出幼小植株。迎风招展，十分可爱。花后蒴果呈卵圆形，果期 7 ～ 11 月。

栽培种类

此外，尚有一个栽培变种（*Saxifraga stolonifera* ‘Tricolor’）三色虎耳草，叶形与虎耳草略同，但靠近叶缘处镶有粉红或鲜红白边，形似水墨画，清雅脱俗，适合于盆栽或栽植于吊盆内悬挂。

生长习性

性喜阴湿、凉爽、空气湿度较高的环境。由于耐旱、耐寒性强，只要大量栽植于庭院中，短时间内即可覆盖裸露的土层表面，起到降温的作用。另外，虎耳草具有优良的耐高温及耐阴性，对于盆栽和地栽都相当容易，即使短时间无人照顾，也能生长良好。

栽培管理

生长适宜温度为 15 ～ 27℃。长江入海口南岸地区，冬季室外也可安全越冬。盆栽介质需保持干燥些，过分湿润容易使其受寒，与地栽有所不同。相反，三色虎耳草却畏惧寒冷，冬季除南方地区外，必须放置在南窗附近或封闭式阳台内，越冬温度不能低于 5℃。

好生于阴湿的环境，日照为 40% ～ 50%，而三色虎耳草，则需充足的阳光，日照强度可在 60% ～ 70%，叶缘处镶有的色彩则更艳丽。但都要避开夏季烈日暴晒，以免叶边缘发黑枯焦，嫩叶生长受阻。

5 ～ 9 月为生长旺盛期，待土壤表面干燥后就可浇灌水分。偶尔遗忘，也无大碍。倘若想欣赏其花，就需要保证充足的水分供应，促使正常的生殖生长。

庭院栽植时，施放经充分腐熟晒干的猪粪作基肥，由于猪为杂食性动物，与其他家畜的饲料不同，所含的腐殖质量较高，而且肥效长，效果极好。盆栽可在每年夏、秋生长期，每隔 15 天施放 1 ～ 2 次以氮肥为主、磷钾肥为辅的无机肥，直接浇灌于根部，5 ～ 7 天内即可见效。但不宜过多，以免引起生理病害，造成土壤溶液水势下降，根系吸水困难，再加上地上部分继续蒸腾失水，造成吸水与失水失调，引起植株体内水分亏缺，最后死亡。

栽培介质

虎耳草最忌过度潮湿、积水的环境，不但会抑制生长，而且还会引起根系腐烂。因此，应以疏松、肥沃及排水良好的壤土为佳，盆栽可用园土 3 份、腐叶土 3 份、煤渣 1 份混合而成的培养土。

繁殖培育

多以分株繁殖或剪去匍匐茎上的幼株进行栽植。分株法南方地区全年可进行。长江入海口南岸地区和淮河以北地区，通常在春季 4 ～ 5 月份进行成活率较高些。当株苗生长 2 ～ 3 年时，根部会长出许多幼株，可以把这些幼株连带一些根系一起切除，分成 1 ～ 2 株栽植盆内。具体方法，在分株的前几天，让土壤稍微干燥些，这样做的好处是，整株苗容易从盆中脱离出来，抖去一些陈旧的老土，用手将母株与幼株之间分离，然后疏理掉一些断根，重新栽植于新盆中，使土壤保持湿润，置于半阴环境，数日后就会恢复生长。

剪去匍匐茎上的幼株，全年可进行，即使是冬季，只要室温保持约 10℃即可。将匍匐茎上长出的幼株，连同匍匐茎一起剪下，即使幼株下尚未见到根系，也没关系，只需将幼株底部接触到稍润的土壤中，隔数日后，就能正常生长。

病虫害防治

长江入海口南岸地区，在进入梅雨季节后，需时常留意，盆内和周围环境常有蜗牛、西瓜虫、香油虫等虫害出没，啃食嫩叶及根系，而恰恰这些虫害与虎耳草的生长习性略同，喜欢生长在阴暗潮湿的环境下。数量少时可用手抓清除，叶柄周围常会有小蜗牛的黏附，也需留意。若数量多时，可用呋喃丹按剂量洒于土壤中，吸收后进入植物体，当蜗牛啃食茎叶后就会中毒死亡，而对虎耳草却不会带来伤害。

小贴士

不仅有观赏用途，而且自古以来，民间就以全草作中药使用，其性寒味苦。有祛风、清热、解毒、凉血之功效。主治风疹、湿疹、中耳炎、咳嗽吐血、痔疮肿毒等。

购买指南

春、夏季，能很容易在花卉市场上购买到以营养钵栽培的株苗。种植前，需要先去掉营养钵，若是一起栽植于盆器内，营养钵无法在土壤中降解，根系又受限制，对生长带来一定的影响。然后剪去干枯的根系且摘除变黑枯焦的老叶，由于生长速度较快，建议盆径为 10 厘米的吊盆种植 1 株较为合适。种植后，浇灌定根水，使根系与新土相融合，放置在半阴处管理。

花友心情

盆土面上长青苔是好是坏？其实只要不是满盆青苔的话，并不会影响植株的生长，反而能使光秃秃的盆面增加不少美感，还能作为介质干湿度的一个指示，显翠绿色时介质湿润度高，显褐灰色时介质含水量少了，就可浇水了。若是觉得会有碍植株生长的话，可经常翻动盆土，避免青苔生长。

洋常春藤

中文名：洋常春藤
别　名：西洋常春藤
科　属：五加科常春藤属

仿佛曾经被水浸透了一般，空气里弥漫着霭霭的雾气，一切都是那么的湿润。此刻，纤细而柔韧的藤蔓，在泥土的芬芳滋润中，正欢快地伸展出生命的触角，尽情地吸吮着大地的精华，迅速向一切可以攀附的物体蔓延，宛如阳光与墙壁的亲密接吻一般，密不可分地将自己轻盈的身姿与之融为一体。夏去秋来，洋常春藤便盛放出千百朵黄绿色的生命之花，招徕着成群成片辛勤劳作的蜜蜂。

原产地

洋常春藤属于五加科（*Araliaceae*）常春藤属（*Hedera*）常绿蔓性藤本植物，原产于欧洲大部分地区、加那利群岛以及西海岸的南美洲或温带地区，对原生地环境的适应性很强。原生种约有5种，分别为加那利常春藤（*Hedera Canariensis*）；洋常春藤（*Hedera helix*），也叫英国常春藤；尼泊尔常春藤（*Hedera Nepalensis*）；俄国常春藤（*Hedera pastuchovii*）；菱叶常春藤（*Hedera rhombea*），也叫日本常春藤；其中以我们所熟知的洋常春藤（*Hedera helix*）为目前栽培最多的园艺品种，一般就是指英国常春藤，生长可达5米之高，茎节具气生根。

形态特征

叶为单叶，掌状裂叶，通常三到五裂，亦有全缘心形叶或波状缘，互生于藤蔓性枝条上，具有匍匐特性。叶色鲜艳清晰，变化极为丰富，有淡绿色、深绿色、银灰色或边缘镶嵌着淡黄色或白色不规则斑块。花期9～11月，花后果实球形，花小，两性，伞房花序。果实小球形，熟时呈黑色。

栽培种类

还有一些和原种杂交而成的栽培种及变异种，目前已多达20多种，在一些花市上也能常见到。如叶心部呈明亮的金黄色，叶具三裂的金心常春藤（*Hedera helix* ‘Goldheart’）；叶多呈五裂，小巧别致，边缘染有不规则银白色斑块的银叶常春藤（*Hedera helix* ‘Glacier’）；金容常春藤（*Hedera helix* ‘Schester’），特点边缘有不规则的金黄色斑块，叶面翠绿且富有光泽；还有观赏价值较高，但耐热性很差的冰雪常春藤（*Hedera heliex* ‘Sharfer’），在我国台湾常被称作“细叶镶边常春藤”，其特征茎节很短，生长着密集的茎叶，绿色的叶面具有奶黄色和银白色花纹和斑块，好似雪花状，极富特色。除此之外，还不断有新的栽培品种及变异种诞生，如花斑常春藤（*Hedera helix* ‘MidasTouch’）、鸡心叶常春藤（*Hedera helix* ‘Sark’）、枫叶金边常春藤（*Hedera helix* ‘Yellow Ripple’）等等，各具特色，魅力十足。

生长习性

洋常春藤，性喜温暖湿润、半阴的环境，属于较为容易栽培的盆栽观叶植物，不耐酷暑高温，在盛夏6月上旬至9月下旬，气温超过30℃以上时，完全停止生长，处于休眠状态，此时栽培环境闷热不通风，植株势必叶黄脱落，但只需稍稍改变栽培环境，摆放在凉爽且通风良好的朝北居室，就能安全度夏。

栽培管理

生长适宜温度为20～25℃。冬季可耐0℃短暂的低温，若气温低于零下，遇霜雪天气植株会受到不同程度的冻害，对翌年的生长也会带来些影响。因此，在最低气温5℃的情况下，最好移至室内，但温度不宜超过15℃并保持栽培介质稍干燥些。

春、秋两季，可移到室外日照充足处，接受阳光的沐浴。但需注意的是，早春从室内移出时，需逐步见光，以免因光线太强，灼伤叶面，使茎叶泛黄失去原有的光泽和色彩，这是由于在漫长的冬季，光线较柔和的环境下，失去了抵抗强光的能力。夏季需放置在有竹帘遮阴的地方，只需接受 4 ～ 5 小时的日照，时间以清晨 6 时至上午 10 时最为合适。正午时的日照光线强烈，容易使叶面发黄，叶尖及边缘枯黄脱落。冬季则放置在朝南居室的窗台边。

生长旺盛时期，要保持盆土湿润，最忌过干，水分不足时植株呈萎蔫状，基部出现干叶，所以待盆土表面干燥后，就需大量浇灌水分，待盆底排水孔流出多余的水。而对于栽培介质排水性较差的，可用浸盆法，方法是将盆株直接置于盛有清水的容器内，水位超过盆株的 2/3 处即可，待盆土表面色泽变为黑褐色后，就可取出，这样可避免拦腰水的现象发生，即上湿下干，盆土底层的根系会因吸收不到水分或养分而枯萎。夏季，气温高空气相对湿度低，多向植株叶面喷洒水分，以保持较高的空气湿度。冬季至早春，气温较低的情况下，应控制浇水的次数，栽培介质保持微潮，过分湿润容易造成根部腐烂，严重时，甚至整株死亡。

春、秋生长期，应每隔 10 ～ 15 天施 1 次以磷、钾为主的肥料，也可用颗粒状的长效控释肥掺入介质中，具体方法是用螺丝刀在介质中打 3 个洞，深 5 厘米，放入 5 ～ 10 粒控释粒肥即可。但在盛夏高温休眠状态及冬季低温期，都不要施肥。

修　剪

生长期，可不断地打顶，即摘除顶芽。促使抽生更多的分枝，压低植株的高度。

栽培介质

选用排水良好、肥沃、疏松的微酸性栽培介质，盆栽可用 70%腐叶土、20%园土、10%珍珠岩的比例混合配制，效果更佳。

换　盆

由于生长旺盛，会出现盆株头重脚轻以及养分缺失的现象，因此，盆栽最好每 2 ～ 3 年更换 1 次栽培介质，时间以春季枝叶尚未萌芽时进行。植株从盆中脱出后，可以清晰地看到缠绕的根系，修去发黑腐烂的烂根，同时去掉 1/3 的陈土，使用新的培养介质，栽入容器中，用剪刀对徒长的枝蔓进行短截，同时剪除生长不旺已发黄的叶子，置于半阴处，服盆 1 周后，转入正常养护。

繁殖培育

家庭繁殖多以扦插和压条法为主，其中扦插可分为土插和水插两种。土插可在春季或秋季进行，但以 5 ～ 6 月份为佳，选择当年生粗壮的枝条，长度 5 ～ 8 厘米或 10 ～ 15 厘米，在节下 1.5 ～ 2 厘米处剪下，切口处呈马蹄形，插于湿润的介质中，扦插介质可用珍珠岩 : 泥炭土 =1:2，深度为枝条的 1/3 ～ 1/2 处，放置在背风明亮的庇荫处，在 20 ～ 25℃的气温下，一个月至一个半月后就可生根，并且根系的发育和幼芽的萌发均表现良好。在雨水较多且湿度大的季节中，也可选择水插繁殖。因为，藤蔓的节间处，往往会抽出白色的气生根，正好利用此特性，将枝条插于盛有清水的容器中，15 ~ 20 天后根系就会生长 10 厘米左右，待根系长 1 ~ 5 厘米后，就可取出栽入盆内，这样做可缩短根系从水中到介质中的适应过程。压条法，南方全年可进行。我国寒冷地区，除冬季外均可进行。利用枝条的柔韧性，在节间处用利刀划伤，压入土中，并用环行针或其他重物固定住，不让其反弹，待生根后，直接切离母株重新栽植。

病虫害防治

通常在气候变化、栽培环境、管理方面的影响下，容易造成一些生理病害。表现为：①冬季气温较低，接近 2 ~ 3℃时，叶面和藤蔓会转为深紫色或深红色，这是由于低温下，植株体内糖类代谢受阻，从而合成较多的花青素，导致叶色变化。翌年春季，气候回暖，糖类代谢恢复正常后，就会转为原来的色彩。②长期置于室内人工照明下或荫蔽的环境下栽培，色彩变淡，叶缘斑块会逐渐褪去，转为全绿色，也被称为“返祖”迹象，这是由于弱光下，叶绿素合成较多，而在自然光下则胡萝卜素、花青素、叶黄素合成较多。自然光是指太阳光。改善栽培环境，增加自然光的照射。同时也易引发介壳虫为害，多滋生于叶片背面，发现时应及时用药物防治，可用 2.5%溴氰菊酯稀释 2 000 ~ 3 000 倍液喷洒或使用 40%氧化乐果稀释 1 000 倍液喷洒，但在使用氧化乐果时，需注意不要将液体喷洒到蔷薇科植物上如桃花、梅花等，否则会产生药害，引起落叶。数量少时可直接用软刷轻轻刷除或用竹木片刮除。

购买指南

花市中还有一种与洋常春藤酷肖的植物，单从外表看难分伯仲，仿佛两者没什么区别。其实是原产非洲南部的多年生常绿草本植物，中文名为绿玉菊，学名（*Senecio macroglossus*），其特

征为植株高15～60厘米，深绿而有光泽的叶片，近似于三角形互生于红褐色的肉质茎上，叶面满布浅色的脉纹，十分雅致美观。另外，还有一个斑锦变异品种，其叶柄紫红色，叶面镶嵌着不规则的乳黄色斑纹。中文名为金玉菊，也叫白金菊（*Senecio macroglossus* ‘Variegatus’）。

小贴士

洋常春藤藤枝蔓叶，叶形绚丽可爱，叶色变化多端，四季常绿，所以非常适宜作盆栽观赏或栽于吊盆内悬挂于窗前或柜顶之处任其自然悬垂，增加室内良好的装饰效果。还可以利用枝蔓的柔韧性及攀缘性，塑造卡通形象，方法是先用细金属丝做成自己所喜欢的卡通形状，然后将保湿性俱佳的苔藓填入进去，将常春藤分为若干段植株，栽植在苔藓上，外围可用环行针进行固定，完成后浸透水即可，待常春藤生长后，整个卡通模型也就全部被叶片所覆盖，摆放在写字台或书架旁，更显可爱、有趣。

除了能观赏茎叶外，叶和果实内还含有常春藤甙、肌醇、鞣酸等，有舒筋散风之效，茎叶捣碎后能治衄血，也可治痈疽或其他初起肿痛。但需特别注意，如果生食，则会引起胃肠不适、腹泻、呼吸困难、昏迷、发热等症状。

五彩络石

中文名：五彩络石
别　名：初雪葛、五色葛
科　属：夹竹桃科络石属

春意萌动时，其粉色的叶芽挂满枝干，传递着春来的信息；春意盎然时，其叶面如片片雪花点缀绿色大地，透射出蓬勃的春机；万物竞长时，其花开似茉莉，散发着无穷魅力的五彩络石，为夹竹桃科络石属，常绿蔓性藤本植物。

原产地

原产日本及朝鲜半岛。络石属（*Trachelospermum*）约有30种，分布于亚洲热带和亚热带地区，温带地区则有少量分布。我国产10种，6个变种，全国各省均有分布。其中学名为 *Trachelospermum jasminoides* 的中国络石，别名石龙藤。除有观赏价值外，还有根、茎、叶、果实均可供药用，能祛风通络、活血止痛，主治风湿性关节炎、腰腿痛，跌打损伤，痈疖肿毒，外用治创伤出血等。茎皮纤维可制人造棉；花可提取“络石浸膏”。

形态特征

一般匍匐生长，盆栽藤蔓长20～40厘米左右，可用铅丝或细毛竹架设支架，牵引生长。革质卵形叶片长3厘米，宽2厘米，对生于具有白色乳汁的茎干上，茎有不明显皮孔。新叶浅粉色，第二、三节叶片具乳白色斑点洒落于叶面上，极似人工喷洒了油漆彩墨，风格异雅。隔年生叶片通常为咖啡色或墨绿色。5 ~ 6 月茎部上方的叶腋处抽出聚散状花序，盛开白色小花，带有芳香，并在花后结实，种子线状长圆形。

栽培种类

同属的园艺栽培种中，原产日本的金叶络石也较有代表性，学名 *Trachelospermum asiaticum* ‘Ougonnisiki’，也叫黄金锦络石。特征为 3 月中旬开始生长新叶，叶色由红到橙红色，叶面有不规则褐色斑块，至 4 月中旬，嫩叶由红色逐渐转黄、褐色斑块也逐渐转绿。耐寒及耐暑性较强，能快速适应新环境，而且根系发达、生长旺盛，非常适合于庭院露地栽培，无论从管理或经济角度考虑，都可以取代草坪。还有不少栽培种，在其他众多观叶植物品种中可属佼佼者，而且备受欢迎，如 *Trachelospermum asiaticum* ‘Gold Brocade’、*Trachelospermum asiaticum* ‘Japonicum’、*Trachelospermum asiaticum* ‘Kiifu Chirmen’、*Trachelospermum asiaticum* ‘Minima’ 等等各种不同的园艺栽培种。

生长习性

五彩络石是一种生性较强的植物，性喜温暖、湿润的半阳环境，耐寒性较强。因此，无论是盆栽还是庭院栽培都很容易上手，也无须多加管理，萌发性很强，栽种时间以早春 3 月或初秋 9 月最为适宜。但都必须选择日照良好、通风流畅的环境。

栽培管理

生长适宜温度为 10 ~ 25℃。即使盛夏气温上升至 37℃，也能安然度过，耐热性很好。而在冬季 − 8℃时，也不会受寒受冻。因此，长江入海口南岸地区，盆栽也无需搬入室内越冬，但如果是初秋栽植的，建议在盆面覆盖卵石、陶粒、或松树皮等无机材料覆盖物，减少植物蒸腾，保持土壤水分。

由于夏季日照强度大，应避免暴晒，否则，易引起叶面细胞坏死，出现褐色斑块，叶尖及叶缘发焦、枯萎。因此，盆栽需放置在有竹帘遮阴的环境。庭院栽培应选择栽植于乔、灌木群落下，接受树荫下斑驳柔和的日照。春、秋、冬三季，日照强度较小，可直接置于阳光下。不过，若日照不足，在荫蔽的环境下也能生长，但叶面的斑驳将褪去，转为全绿，而且在室内光线明亮的人工照明下，也会如此。通常自然光是指太阳光照，而太阳辐射中的主要成分有紫外线、可见光和红外线。其中，紫外线能促进花青素的形成，花青素是形成叶面色彩斑斓的原因之一。普通的人工照明不具有太阳辐射的成分。

春、夏、秋三季为植株的生长期，栽培介质需保持湿润，尤其是盆器栽培的，在夏季降水少、气温高的情况下，一部分水分通过植株的根毛吸收，一部分则蒸发而损失，栽培介质失水会比较强烈，可根据实际情况，选择每天浇灌 1 次或 2 次，时间可在清晨和傍晚后，盆土温度降下后进行，但水温不宜超过当日气温。冬季，可选择中午较温暖时，浇灌会比较适宜。

盆栽可在生长期，每隔 10 ～ 15 天施放 1 次稀释液肥，用尿素和磷酸二氢钾溶液混合后浇灌于根部，比例为 1:1 000，过浓会造成肥害，植株枯萎。磷酸二氢钾是一种高效含磷、钾的复合肥，易溶于水，呈酸性反应。既可促使植株茎叶生长茂盛，又能使叶面斑驳更艳丽、生长健壮，增强病虫害和倒伏的抵抗能力。庭院栽培，可用颗粒状的控释肥，在植株周围挖沟施放。也可定期根外追肥 1 ～ 2 次，直接将稀释后的液肥喷洒于叶面上，但不要使用有机肥液。

栽培介质

选择保水性好，但又不能积水的栽培介质较为理想。盆栽可用赤玉土、泥炭土等比例混合配制，也可以将珍珠岩与腐殖质土拌和后使用，在盆土表面可放置些小颗粒的鹿沼土作为美观装饰，效果也很不错。

换 盆

盆栽 3 ~ 4 年后要进行翻盆换土。随着植株的生长，根系不断扩展，逐渐布满整个花盆，生长就会受到抑制或出现叶小、色泽黯淡等不良现象。同时土壤中的营养成分和微量元素也逐渐变少。时间以春季 3 ~ 4 月份，新芽尚未萌发时进行是最佳时机。翻盆的前一天可不浇水，使植株与盆壁能脱离，容易脱出盆。脱盆时一手握住植株，一手托住盆，用手指伸入盆底的排水孔内，将整株脱出。去掉植株表层及周围的介质 1/3 左右，并将烂根全部剪除，疏去细根，对根系生长过长的可短截，促使新根生长。更换的新盆，最好先用高锰酸钾溶液浸泡 15 ~ 30 分钟消毒，对盆内的杂物或虫卵进行清洗。取出晾干后，在盆底垫上防虫网后，铺上厚约 2 厘米的碎瓦片作为滤水层，填上新土，将植株栽植后，浇透水放置在半阴环境，服盆 1 周后转入正常养护。

繁殖培育

繁殖以扦插和压条法为主。扦插时间以春、秋两季进行较为合适，枝条选择当年生已木质化较粗壮的部分作为扦插枝条，一般存储的养分较多，成活率高。插穗长 10 ~ 15 厘米，并保留 3 ~ 5 节，这里的节是指抽叶发芽的部位，也是生长不定根之处。去掉底部叶片，切口剪成马蹄形。扦插介质可选珍珠岩与蛭石混合而成，保温、保湿性较好，但是生根后需尽快移植到营养土中，因为这样的扦插介质不含营养成分。可事先用浸盆法，使扦插介质处于湿润状，然后用竹签插入一孔洞，再将插穗插入其中，深度为插穗的 1/2，至少有 2 个节插入介质内，在适温 25℃的环境下，20 ～ 30 天后即可生根。压条是一种枝条不切离母株，且管理较为简便的繁殖方法。有堆土压条、波状压条、高空压条等多种方法。而五彩络石则需使用堆土压条，压条时间四季都可进行，但冬季压条，春季切离母株较为合适。压条前，在枝条萌叶的部位，即“节”处，用利刀刻伤后，压入土中或在周围堆积土壤，使其在节处生长不定根，平时也无需特别的照料，扎根后，就可切离母株。长江流域地区，可在梅雨季节进行，空气湿度大，生根较快。

花友心情

花草是富有亲切感的天使，她让我感觉每天下班后，总有亲人在家门口等候我的回归。那种温馨，可以顷刻消除我一天的疲惫和满屋的冷清。

花叶长春蔓

中文名：花叶长春蔓
别　名：蔓性长春花、金钱豹、蔓长春花
科　属：夹竹桃科蔓长春花属

动植物之间也存在着名目繁多的“错位”或“借鉴”。比如花叶长春蔓，其金边绿地的叶面上，“借”来山林之王金钱豹身上的斑斑点点，把自己装扮得斑斓绚丽。自然界的鬼斧神工，由此可见一斑。

原产地

花叶长春蔓，是学名为 *Vinca major* 长春蔓的园艺栽培种，属常绿蔓性亚灌木，是一种生长较快、抗性强且容易栽培的观叶植物，十分适合于刚入门的花卉爱好者。原产于欧洲地中海沿岸、印度和热带美洲地区，有 10 余种，我国东部栽培有 2 种，1 变种。

形态特征

植株高 30 ~ 40 厘米，茎枝纤细，常下垂或平卧地面向四周蔓延生长，椭圆形的叶片长 3 ~ 5 厘米，先端急尖，叶缘乳白色并镶嵌乳黄色或白色斑块，对生于枝条两侧。每到夏、秋之际，叶腋间绽放出朵朵呈漏斗状的蓝色小花。花凋谢后结籽，果为 2 个骨朵果，形如香料中的八角茴香，内含 6 ~ 8 颗种子。

栽培种类

同属的小叶长春蔓（*Vinca minor*），同样原产于欧洲，却有一些花色诱人的园艺品种，有学名为 *Vinca minor* 'alba'，茎亦为蔓性，叶片小于普通长春蔓，深绿色且边缘无毛。冬去春来，纯白的小花就早早地在叶丛中盛开，花期可至夏季；以及 1993 年被英国皇家园艺协会授予金奖的 *Vinca minor* 'Atropurpurea'，其特征为具有惹人注目的略显玫瑰红的紫红色花瓣，花朵盛开时犹如朵朵繁星，非常美观，而且花期长达数月，从春季至秋季。茎蔓长达 20 厘米，卵状叶片浓绿色，具有革质光泽。长势快，抗病力强。

生长习性

性喜温暖和阳光充足的环境，耐旱及耐寒性较强，由于枝条蔓生，不仅适合盆栽作吊盆植物，悬挂于窗口或几案自然下垂，绿意盎然，而且还适宜栽植于庭院内，时间以秋季 9 月或春季 4 月枝叶尚未萌动时进行最为合适。

栽培管理

生长适宜温度为 20 ～ 28℃。即使是有严重冰冻的恶劣天气，气温在 0℃至 −5℃的低温下，也能安全度过。但是对于盆栽，当年生的新叶会出现失水萎蔫，翌年春季剪除即可，不会对生长带来影响。当然，对于当年扦插的幼株，在根系尚未完全发育好的情况下，盆栽建议放置在 3 ～ 5℃的环境内。

虽较耐阴，在光照不足的情况下，也能生长，但会使枝蔓节间变长，影响株形，叶缘乳白色或黄色斑驳会完全褪去，变为全绿色，甚至不开花，严重降低观赏价值。所以，四季都应接受全日照的环境。

生长期 4 ～ 10 月，待盆土表面干燥后就可立即浇水，但需要注意的是，不可使用喷壶在表面洒水，否则看似土壤表面已湿润，其实很容易造成上湿下干，在园艺栽培中常被称为“拦腰水”，每次浇水必须浇透，待盆底排水孔内将多余的重力水排出。若是土壤板结，表面呈龟裂状，浇水无法正常渗透的情况，可结合春、秋季翻盆换土时，在根部区域，以圆锥形的方式，成 75° 斜插入直径 1 ～ 5 厘米 PVC 管 2 ～ 4 根（也可用吸管替代），并且在管上打上无数个小孔，一端对于盆底孔，另一端与土壤表面持平。将纤维长度为 5 毫米的虹彩石灌入其中，改善土壤的透气性和渗透性，使排水顺畅。盛夏高温季节，土壤水分蒸发较快，应早晚各浇水 1 次，以土温降低后较为适宜，若遇连续阴雨天或栽培介质过湿的情况下，可不再浇灌。而冬季低温，植株的生理活动较为缓慢，盆土可适当保持干燥些，但不能完全断水，浇水时间可选择光照较好的正午前后。

生长期可每隔10～15天施放1次以磷、钾为主，以氮为辅的液态肥，或是使用经充分发酵腐熟后的有机肥液，兑水稀释浇灌于根部，可以增加土壤中有机质的含量，加强植物呼吸过程，促进养分迅速进入植物体，对植物的生长起促进作用，增强抗性。通常有机肥可使用微生物、植物的残体、动物排泄物和分泌物，经过半年至一年发酵腐熟后方可使用。

修　剪

每年夏季6月至秋季10月为生长旺盛期，盆栽可经常对植株进行摘心，即用剪刀或手摘去顶梢，阻止枝蔓任意生长，使枝条组织充实，生长更多的分枝。花谢后，可连同花梗一起摘除。

栽培介质

以具有良好的团粒结构、疏松而肥沃、排水良好的壤土为佳，盆栽可用腐叶土2份、园土2份、珍珠岩1份混合后配制成的介质。

换　盆

盆栽可每2～3年更换1次栽培介质，时间以春季清明前后较为合适。若只是更换大一号盆器，而除去旧土及修剪根系，除冬季外均可进行。换盆时，被根系缠绕的介质无法抖去时，左手扶住株苗，右手轻轻拍打便可将介质抖去或是浸于水中，栽培介质会很快脱落，再修剪掉过细的根部或已折断的根系，然后种植于盆器内，缓缓填入新介质，并用手压实。

繁殖培育

扦插，长江入海口南岸地区选择 5 月下旬至 6 月中旬黄梅雨季进行，成活率会高些。其他地区以春至夏为适宜期。选择生长健壮的枝条，长 10 ～ 15 厘米，带有 3 ～ 4 个节，剪去枝条下端所有叶片，保留顶端对生的两个叶片，以便进行光合作用，促进生根。直接扦插于珍珠岩中，深度约为枝条的 1/2，浇透水后放置在树荫下，待生根后移植于培养土内生长。

购买指南

可在花市购买盆栽苗或用扦插法繁殖。购买时要注意，有两种植物的形态特征与花叶长春蔓略有相同。一种是学名 *Peperomia scandens* ‘Variegata’ 的斑叶垂椒草，为胡椒科豆瓣绿属多年生常绿草本植物，植株蔓性匍匐状生长，肉质茎圆形，多汁。叶心形，淡绿色，叶缘有黄白色斑纹。另一种则是常绿木质灌木状藤本植物，学名 *Euonymus fortunei* ‘Emerald Gaiety’，中文名为银边扶芳藤，在植物分类学中归入卫矛科卫矛属，特征为枝叶繁密，小枝近四棱形。叶亮绿色，近宽卵形，叶缘为白色斑纹。

花叶欧亚活血丹

中文名：花叶欧亚活血丹
别 名：斑叶连线草、花叶活血丹、白斑活血丹
科 属：唇形科活血丹属

原产地

花叶欧亚活血丹是一种可作吊篮垂挂于窗台或庭院地栽欣赏的观叶植物，主要分布于欧、亚大陆温带地区，是唇形科活血丹属多年生蔓生植物，约有8种4变种，我国占据1/2以上，有5种2变种。除了花叶欧亚活血丹外，同属的还有日本活血丹、大花活血丹、活血丹以及原种欧活血丹等，生于山谷、草地、林木中等各种湿润处。

形态特征

植株高10～20厘米，具匍匐茎，逐节生根，四棱形高10～17厘米，基部通常为淡紫红色。长0.8～1.3厘米的淡绿色叶片呈肾状圆形，边缘具粗圆齿并具有不规则乳白色斑块，非常绚丽。淡紫色小花，常成对生于叶腋间。花期为春季3至5月。花后需依靠昆虫传播授粉，是典型的虫媒花。

生长习性

性喜温暖、湿润和半阴的环境。具有较强的耐寒能力，但怕强光暴晒。对生长环境的适应能力较强，生长较快，很适合于刚入门的花卉爱好者或喜爱香草的朋友栽培。

栽培管理

生长适宜温度为15～28℃。淮河以北地区，盆栽需要搬入室内越冬，室温可保持在5℃，这样既可免受冻害，又可作居室摆设。长江入海口南岸地区，若是遇冰雪霜冻的恶劣天气，建议盆栽还是放置在阳台内越冬会比较适宜。

夏季6月上旬至9月下旬，天气炎热，光照过强时，不可让其完全接受阳光直射，否则会造成茎叶枯焦，应放置在有遮阳的窗台边或屋檐下。春、秋、冬三季可完全置于光照下，无需遮光，在自然光下生长的植株健壮，还可避免叶片返绿的现象，而且积累的有机营养也较多。

3～10月生长期间，要经常保持盆土湿润，尤其是盛夏高温，要防止盆土过干，引起植株萎蔫出现茎叶枯萎，应于清晨或傍晚检查盆土的湿润度，需视实际情况而定，若是当天为阴雨天，无需浇灌，若是当天为晴天，气温达38℃，可在翌日清晨，再补水一次，但盆底排水孔内必须有多余的水分排出。另外，也可以在盆土表面覆盖松树皮、蒿秆、木屑或其他草茬等无机

覆盖物，可有效防止水分蒸发损失。在夏、秋干燥季节，还需多向叶面和茎节喷洒细雾，在空气相对湿度较高的环境下，生长会更佳。

茎叶生长期，盆栽可每隔 15 ～ 20 天施放 1 ～ 2 次肥，肥料可用尿素与磷酸二氢钾混合后的溶液灌溉于根部，浓度为 0.1% ～ 0.2%。两种肥料混合后，应立即施用而不要长时间久放或隔天使用，否则会引起有效养分减少及物理性质变坏。若是叶片明显变小、叶面出现发黄、无光泽、质薄等异常现象，可通过叶面追肥来改善，弥补根部吸收养分的不足，由叶片直接吸收利用，养分通过叶面气孔进入植株体内，成效会更快。叶面追肥应选择凉爽、无风、空气相对湿度较高的环境下进行，因为在此期间，溶液可在叶片和茎干的表面留存时间较长，被吸收的量也就越多。庭院地栽，可使用颗粒控释肥料，每隔 3 ～ 4 个月 1 次。

小贴士

通常，叶片搅碎或捣烂后，会散发出阵阵薄荷清香。因此，也有“花叶金钱薄荷”之美称。嫩叶偶尔也用来拌入沙拉，增添香气或用来作为调味品的原料。此外，汁液还有祛除淤青之功效。

栽培介质

对土壤要求不严，即使在通气性较差的黏质土中也能生长，但盆栽以肥沃、疏松和排水良好的壤土为佳，可用 4 份壤土、4 份泥炭、2 份珍珠岩混合后的培养土，并掺入少量的经腐熟后的有机肥或饼肥作基肥。

换　盆

经多年生长，盆土表面会时而有根系露出，即表明需更换大一号的容器栽培，并对植株进行整形修剪，过长的枝条作短截处理，刺激剪口下的叶芽萌发更多的分枝。

繁殖培育

繁殖可用扦插法，扦插又可分为土插和水插两种，无论是选择哪种扦插，时间以春或秋两季进行较容易成活。插穗可剪取当年生的枝蔓，长 10 ～ 15 厘米，因生根较容易，所以底部切口剪成平滑即可，但切口要接近叶芽处约 1 厘米，过长不易生根。而插穗上端则应与叶芽反向剪成斜面，然后插入于介质中或直接插于盛有清水的容器内，在气温 20℃下，20 ～ 30 天即可生根。

病虫害防治

长江入海口南岸地区在栽培时，还应注意进入梅雨季节需预防霜霉病的为害，主要表现为空气相对湿度较大的环境下，叶背面会产生薄薄的霉层，逐渐蔓延至整个叶面。在雨季到来的前后几天，用 75%的多菌灵可湿性粉剂对植株进行喷洒防治。庭院栽培，还需防止蛞蝓的为害，蛞蝓俗称鼻涕虫，通常会在叶面及周围环境留下爬行后的痕迹，在阴湿光照较暗的环境下，最易发生。

花友心情

不少朋友选择去花市买成品来养，我却恰恰相反，虽然自己种植的花草不是名贵之物，却仍乐此不疲。在日复一日的翻盆、松土、浇水、施肥、遮阳的过程中，在观察她每日细小的变化中，去寻找一份满足，获得一份喜悦。哪怕结果不尽如人意，也不放弃再次追求的努力。因为，向往美好使我有了追求，追求美好使我甘于付出，而这一次一次的追求和不断的付出又使我得到了生活的充实。

绿　萝

中文名：绿　萝
别　名：魔鬼藤、藤芋
科　属：天南星科麒麟叶属

原产地

藤蔓状茎节具气生根的绿萝又名黄金葛。自生于所罗门群岛，属于多年生常绿藤本植物。分布于印度至马来西亚，我国主要分布于台湾、华南及西南各省。

形态特征

茎攀缘，多分枝，枝悬垂，茎节有气生根。幼枝鞭状，细长，粗3～4毫米，叶片薄革质，叶宽卵形，基部浅心形，翠绿色，有光泽，叶面有不规则金黄色或乳白色斑块和条纹。随着岁月递增，其叶向上则大、向下变小，以其特有的生命形式，诠释着“适者生存”的精髓。花期4～5月，肉穗花序圆柱形，佛焰苞外面绿色，内面黄色，生于茎端叶腋处。花后果实成熟时变为红色浆果。

栽培种类

目前主要栽培的园艺品种是*Epipremnum aureum* ‘Marble Queen’，叶片上有不规则的淡黄色、白色的斑。耐寒性稍弱的白金葛，也叫白金藤。此外，还有新叶呈金黄色，老叶或长期在荫蔽处生长则会转为全绿色的金叶葛（*Epipremnum aureum* ‘All Gold’）和叶色呈鲜亮的柠檬黄色，给人以柔软感觉的柠檬绿萝（*Epipremnum aureum* ‘Lemon’）。不论哪一个品种，叶色都显得异常斑斓，株形飘逸，在许多城市中都深受人们喜欢，尤其在冬季寒冬腊月时，倘若家中有绿色，便会让你心生暖意。我们可选择绿萝，用它来布置客厅、墙角，置于室内欣赏，能给居室平添蓬勃生机，更显自然气息。还可以把室内的有毒物质分解为营养物质，能去除甲醛、一氧化碳，可以有效地调节室内环境的空气清新度，使室内环境清新自然。

生长习性

绿萝属热带雨林植物，性喜高温多湿和充足的散射光，但不耐寒。虽耐阴适合于室内栽培，但需置于光线明亮处生长，否则节间细长无力，叶薄如纸，美丽的斑块或条纹还会变淡甚至褪去。

栽培管理

生长适宜温度为 20 ～ 25℃。在高温气候中生长最旺盛。冬季气温低于 12℃以下要预防严寒。夜晚温度低，为避严寒，可在植株外，套上塑料薄膜或放置在有暖气设施的居室内保暖。但要与暖气设施保持一定的距离，以防温度升高，枝叶水分蒸发快，使

叶片干尖，这点要特别注意。春季3月回暖后，多打开窗户通风逐步经受锻炼，为4月清明出室作准备。

因喜多湿的环境，春、夏、秋三季盆土都应保持湿润比较好。如果是作图腾柱式栽培的，不仅要保持盆土湿润，还应经常向图腾柱上浇灌水分或直接喷水，利于茎节上的气根吸收水分，能使绿萝生长更快更好。长江入海口南岸地区，在进入梅雨季节后，雨水明显增多，在室外栽培也无需考虑更换避雨环境，湿润度较高的环境下，会更利于生长繁茂。但梅雨季节往往在雷雨过后就会有阳光露脸，要留意叶片上的水珠，在阳光的照射下，会直接灼伤叶片。冬季室温高于20℃，不要遗忘浇水。但在生存最低温度时，以盆土微干燥些会比较好，否则叶子就会变黄枯萎、茎叶下垂、落叶，严重时，甚至整株死亡。

春、秋两季可每月施放1～2次稀薄的饼肥水，饼肥水是一种优质的有机肥料，除了富含75%～85%的有机质外，还含有相

当数量的氮、磷、钾和微量元素较丰富的完全肥料。同时每隔15天向叶面喷洒浓度为0.1%～0.2%的磷酸二氢钾溶液，避免在下雨天之前喷洒，可使叶色更鲜艳而富有光泽。需注意，若施用大量以氮为主的肥料，会使叶绿素增加，茎叶茂盛，但斑块或条纹会变小且色淡，甚至消失，变为全绿。并且入秋后，也应控制氮肥的使用，过旺的生长，不利于新芽越冬。多施以磷、钾为主的肥料，增加抗寒、抗旱性。

除了盆栽观赏外，还可进行水培。选择盆底无排水孔的容器，可用透明玻璃瓶或卡通瓷盆，剪取若干根健壮的顶梢，去掉底部叶片，把带有茎节处的部分插入水中，数日后就可生根成活。只要在生长期间，隔三、四天换1次清水即可。冬季可每隔1～2周换1次水，最好能用不烫手的温水，更换1/3即可。但水培有个缺点，生长时间过久，会因营养缺乏而出现叶小，生长缓慢，毕竟水中没有植物所需的微量元素及其他营养。因此，建议水培一段时间后，移入土壤中栽培，移植时间以春季4月最佳，此时正是绿萝抽叶生长期。移植时，可分段将茎节剪下，带有茎节处插入土壤中，只需放置光线明亮的地方，即使没有日照也没关系。但移植后一定要浇透水，平日只需多喷细雾，也可以在周围洒水，增加小环境的空气湿润度。从水中移植至土壤中，有一段适应过渡期，不要急于给予日晒和施肥，期间会有叶黄脱落，摘除即可。待新叶抽出后就可按日常管理，逐步给予日照。

栽培介质

只要是疏松、透气、排水良好、富含有机质的微酸性的土壤皆可，但盆栽以40%泥炭土、20%园土、20%珍珠岩、20%木炭混合后的介质中生长良好。

繁殖培育

绿萝繁殖主要是采用扦插法和堆土压条法。扦插分水插和土插2种。南方地区全年均可进行，但在春、夏、秋三季成活率更高，选用带有3～4个节间，有气根的则更好，长15～20厘米的当年生健壮枝条作为插穗，保留顶部叶片，去掉下部叶片，由于扦插很容易成活，所以切口剪成平口形即可。直接使用珍珠岩作为扦插介质，将带有节间的部位插入，保持室温25～30℃，65%～75%的空气湿度，约1个月后就能生根并萌发新芽。

水插法，剪取充实饱满的枝条，摘去基叶插入盛水的容器内，深度为接触水的部位枝条含有 2 ～ 3 节，每瓶可插 2 ～ 3 根，隔天换次清水，环境温度 25℃左右，20 天左右即可生根。

采用堆土压条法进行繁殖，方法简单而成活率高，选取具有气生根部分的枝条，直接埋入土内，然后用环行针使枝条固定在土内不反弹起，再用土覆盖于节间处即可。促使其在地下土内生根，平时需注意浇水，保持土壤湿润。20 ～ 30 天后，便能生根，生长新芽，此时可以切离母株，单独管理。

病虫害防治

常有绿萝灰霉病、叶枯病、病毒病为害。绿萝灰霉病，发病时主要在叶尖或叶缘处产生 V 字形病斑，有时也会生圆形灰褐色病斑。严重时叶片腐烂。发现病叶时，立即摘除，喷洒 65%代森锌可湿性粉剂 1 000 倍液，每隔 10 天喷 1 次，连续喷洒 2 ～ 3 次。绿萝叶枯病，多出现在基叶上，叶表面出现水渍状黄褐色斑块，

后期迅速干枯。发现后及时清除病叶，以减少传染。用 40%百菌清可湿性粉剂 600 倍液喷洒。绿萝病毒病，叶片出现黄绿相间的斑驳，病叶畸形，叶缘呈波纹状。发病期可用 2%宁南霉素 260 倍液，每隔 15 天喷 1 次，连续喷洒 2 ～ 3 次。此病害还要和生理性病害加以区分，在施肥过程中，若施放过浓，会使长出叶片也成畸形状，多表现于新叶。

小贴士

花市上所供应的盆栽绿萝，大部分都是专业花卉公司培养出售，而在专业化管理的模式中，在绿萝生长过程中都是使用颗粒状控释性肥料作为营养的补充。所以，栽培介质中经常会有黄色圆形颗粒物的出现，不必为此担心，并不是虫卵。

购买指南

购买吊篮式栽培的绿萝，最好选择在夏季，此时的绿萝品种繁多，生长也健壮。选择茎叶茂盛，叶面翠绿且镶嵌着不规则黄色斑块，有光泽的。茎叶交叉重叠处，要注意翻开查看是否有褐色斑块或叶边缘发黄现象。需要注意，若是茎蔓、叶片出现下垂、萎蔫，那一定是长时间缺水或是冬季受寒所造成。

花友心情

高温潮湿的环境下最容易滋生小飞虫，可是家中又没有合适的农药，可选择一些植物农药，使用后对环境污染少，且又不会伤害到植物和人。如辣椒水、樟脑水、薄荷油和香茅油等，有强烈的驱虫作用。

合果芋

中文名：合果芋
别　名：花蝴蝶、白蝴蝶
科　属：天南星科合果芋属

原产地

合果芋被誉为天南星科最具代表性的室内观叶植物之一。也是目前欧美十分流行的室内吊盆装饰植物。合果芋属的植物，全世界约有33种。原产中美、南美热带地区和西印度群岛，在我国华南地区分布较广。

形态特征

是一种爬藤性的多年生常绿草本植物。茎呈蔓性，节具气生根，含乳汁。叶型会随着植株的年老而变化，叶片的形态多种多样，经常会被误会成两种不同的植物。叶子在幼龄期和成熟期的形状截然不同，幼龄期为箭形或戟形的单叶，也被称之为“箭叶芋”。而成熟期的老叶则是成5裂或9裂的掌状复叶，酷似鹰爪。近叶基之裂片左右两侧，常有小型耳垂状小叶。叶脉内叶基至叶端整齐而平行伸展，形成缘脉。此外，成熟期在茎附近的叶腋处会开出类似于龟背竹、喜林芋、绿巨人等天南星科植物的淡黄色或淡绿的佛焰苞。

小贴士

由于环境适应性强，从仲春至晚秋，充满生机地蓬勃发展，郁郁葱葱，且特别耐阴，所以是室内优良的观叶植物，除作室内观叶盆栽以外，还能用于悬挂作吊盆观赏或设立支柱任其攀爬，设置造型。南方地区，四季温暖，多用于庭院半阴处作地被覆盖，搭配成高矮错落，营造不同特色的景观，使之更接近自然。

栽培种类

合果芋的品种繁多，更是不胜枚举。同属的还有一些其他园艺品种。像叶盾形，浅白色，叶缘具绿色条块和斑纹，叶柄长的白蝶合果芋（*Syngonium podophyllum* ‘White Butterfly’），简称白蝴蝶；像叶箭形，绿色，具不规则白色斑块，叶柄短的翠玉合果芋（*Syngonium podophyllum* ‘Variegata’）；以及被称为“红粉佳人”的锦叶合果芋（*Syngonium podophyllum* ‘PinkButterfly’），原产于哥斯达黎加，其叶盾形，淡绿色，中部淡粉色；还有学名为 *Syngonium wendlandii*，且叶子拥有丝绒形状的绒叶合果芋等。

生长习性

合果芋株态优美且非常耐热、耐阴，和一般热带植物一样不耐寒，在四季鲜明的地区，建议要栽植在容器内，10 月下旬冬季来临之时，须移入室内避风处，方可安全越冬。温暖地区，若是庭院栽培，几乎不用费太多心思去管理，也能生长健壮。

栽培管理

生长适宜温度为 20 ～ 30℃。性喜高温多湿的环境，生长在空气相对湿度较大的环境下，则利于茎叶快速生长。过冬需要在室内温度 10℃的环境，才不会使植株受到伤害。

虽然耐阴，但日照不足也会造成因枝叶无法光合作用而缺少叶绿素，导致叶黄枯萎，茎干和叶柄也会因此徒长，即节与节之间距离过长，株形松散，叶片变小无光泽。因此，即使种植在室内，也要摆放在光线明亮的窗台附近。另外，夏季直射的阳光会烧伤质薄的叶面，需要避免。

春、夏、秋三季，盆土保持湿润会更利于生长。待表土干燥后且叶子有下垂迹象，就需要补充水分，但一定要浇透。夏日骄阳，要多加留意，因水分蒸发过快，容易出现盆株脱水，应早晚观察1次，并且每天在叶面上喷雾，以保持高湿润的环境。10月下旬起，多注意气候变化情况，减少浇水频率，当气温低于12℃时，栽培介质要偏干，不可过于湿润，因为温度低，植物生长受到抑制，进入休眠期，停止生长，过多的水分，会给根系带来一定的负担。另外，合果芋喜欢生长在空气湿度较高的环境下，因此，放置在有暖气的环境中，需多向茎干、叶柄、叶面喷洒水分。

每年春至早秋，是生长旺盛期，每月以“薄肥勤施”的原则管理。对于长柄合果芋、白蝶合果芋、白叶合果芋等绿叶品种，多追加以氮肥为主的肥料，有利于生长。相反，对于一些叶面上有斑块的花叶品种，如翠玉合果芋、白耳合果芋、锦叶合果芋，在施放肥料时，要以偏磷、钾为主的肥料，少施氮肥，可使叶色更佳。

栽培介质

可选用 pH 5.0 ～ 6.5，酸性且富含腐殖质较多的疏松壤土为好。盆栽可用腐叶土 3 份、园土 4 份、珍珠岩 3 份的比例混合。在盆底要垫上防虫网并用小石块作滤水层，高度 2 ～ 3 厘米。

换　盆

盆底出现有根系冒出，表明盆器过小，已不再适合其生长，需要更换大号盆，长江入海口南岸地区，最好在 4 月中旬更换较大的盆，较大的空间可促进根系生长。方法将植株从原盆中脱出，至少除掉 1/3 的旧盆土，再移入大号盆内，填入新介质压实浇透水后，放置在半阴环境服盆 1 周即可正常养护。

繁殖培育

合果芋可用扦插和分株繁殖。扦插可于晚春时分，平均气温达 15℃以上进行。插穗以切取节间较短、生长充实的无病虫危害的中上部枝条为宜。扦插介质可用 30%蛭石和 70%泥炭土混合而成，适温 20 ～ 25℃的情况下，插后 15 ～ 30 天生根。在长江流域地区，每逢黄梅时节扦插，合果芋在空气湿度较大的情况下，很容易生根成活。成活后，就可以种植到容器中。若是盆栽的，分株宜在 4 月结合换盆时进行，将带有根系的幼株切离母株另植于盆内。

病虫害防治

常见叶斑病和茎腐病的为害，叶斑病主要表现在叶面呈不规则形灰褐色病斑，凹陷。发现病叶应及时剪除。并选用 70%代森锰锌可湿性粉剂 500 倍液。茎腐病主要以茎部腐烂时，初现褐色至黑褐色圆形或长圆形水渍状斑，湿度大时散发出酒精味，出现腐烂变黑，病部以上枝叶干枯。摆放场所应注意通风透光，严防湿气滞留。也可选用 50%苯菌灵可湿性粉剂 1 000 倍液喷洒预防。虫害有吹棉介和蓟马危害茎叶，少量时，可用酒精棉直接擦除，数量多时可用 40%氧化乐果乳油 1 500 倍液喷杀。

购买指南

长江入海口南岸地区，不要在严寒的冬季购买，植株受寒风侵袭，叶面会出现大小不等的褐色斑块，且不会恢复至原样，对后期的生长也必定带来影响，可选择初夏时节购买。选择迷你合果芋盆栽时，需注意检查基部茎干是否有发黑腐烂的迹象存在。另外，应选择植株节间短，株型丰满的购买。而花叶、彩叶品种，若是绿叶较多且有返祖迹象的，应谨慎购买或另择选购。

松萝铁兰

中文名：松萝铁兰
别　名：苔花凤梨、气生凤梨
科　属：凤梨科铁兰属

松萝铁兰是铁兰属植物中生态较为奇特的一种，属于气生种群。它们并不需要盆栽于土壤中生长，只要有空气的地方就能生存下来，靠吸收空气中的水分和养分来维持生存，可随意悬挂于任何地方，是一种非常好栽种的植物。因此，也被称之为“空气草”(Air plant)。生长于海拔0～2 400米的山地丛林中或树上，在美国南部、阿根廷中部、南美洲分布居多，常依附在石壁、树干、电线线缆、屋檐等处。

原产地

在纤细的茎节上身披着银白色外衣的松萝铁兰，原产于美洲的热带和亚热带地区，大约共有500多个原种，是观赏凤梨中最大的一个属。

形态特征

松萝铁兰，别名老人须。属于多年生常绿草本植物。植株下垂生长，茎叶如细须，长3～4厘米呈线形的叶片互生，植株外体密披银白色的鳞片，叶腋处绽放黄绿色的小花，花瓣呈 3 片，有淡淡地香味。并在开花后结实。与其他观赏凤梨在形态上截然不同的是没有莲座状的叶丛所形成可以蓄水的“水池”。

栽培种类

同属的其他品种有原产墨西哥和哥斯达黎加的丝叶铁兰，学名为 *Tillandsia filifolia*，植株高约 15 厘米，叶呈针状，长 10 ～ 15 厘米，整株密披银灰色鳞片，复穗花序，小花紫色。常生于悬崖上。还有，弯曲铁兰（*Tillandsia recurvata*），特征为植株呈匍匐状草本，茎纤细，密披银灰色毛状鳞片，长 2 ～ 2.5 厘米的线形叶片，穗状花序生于茎端，小花淡黄色生于苞片内。生于海拔 2 500 米的树杈上。

生长习性

松萝铁兰是属于性质强健的凤梨科植物，喜光照充足且湿润度较大的环境。具有较强的耐暑性和耐低温性，即使是在盛夏高温 40℃和冬季低温 – 2℃的环境下，都能忍受，安全度过。对温度变化的适应能力很强。我国台湾地区，还将松萝铁兰成片栽植于屋顶上，通过叶子的吸热和水分蒸发，能起到遮阴隔热的作用。

栽培管理

生长适宜温度为 15 ～ 30℃。充足的光照下才能使植株生长健壮，而在光照不足时，会使茎节徒长，植株缩小，银白色的鳞片也会转为绿色。属于典型的阳性植物。因此，四季都应给予每日至少 8 小时的日照，可置于强光或较强的散射光下生长。

因原产地常依附在树木上生长，所以她的根系并不是用来吸收水分和养分，只是起到固定的作用，无需栽植于介质中。完全靠植株密被的银白色鳞片吸收空气中的水分，也并不需要浇水。但在空气相对湿度低于 80% 的环境下，会给生长带来不利。若是摆放在有空调的居室内，叶尖更易卷曲和干枯，常呈萎缩状，可向植株喷雾 2 ~ 3 次，时间以夜晚进行较为合适，更易吸收；也可直接浸于清水中 1 ~ 2 小时，让其充分吸足水。从水中取出后，应先置于没有阳光的地方，晾至数分钟后，让多余的水分流出，以免叶腋中留有多余的水珠导致腐烂。北方地区，忌用含碱性的自来水，可放置数天后使用。

密被的鳞片不仅能吸收空气中的水分，而且还能吸收空气中的养分，不施肥也能生长，但生长的节奏会较慢。在夏、秋生长旺季，可进行根外追肥，每月用尿素混合磷酸二氢钾溶液直接喷洒于植株上，以 1 克肥兑水 3 000 ~ 5 000 克较为合适，掌握“宁少勿多”的原则，以免造成肥害。

栽培介质

由于松萝铁兰是一种能吊挂在空气中生长的植物，不需要任何栽培介质和栽培容器。用铁丝或绳索将其吊于枯木、树蕨板、藤篮或窗台附近，这样既不会占用空间，又具有摇曳的动感，能充分感受到大自然的气息。

繁殖培育

人工栽培的环境，一般开花后不容易结籽。直接将匍匐茎剪断后另行栽植即可。

病虫害防治

在夏季高温、闷热不通风的环境下，很容易滋生红蜘蛛和介壳虫，为害植株的正常生长和发育。可用三氯杀螨醇 3 000 倍液喷洒于植株，每隔 3 ～ 4 天 1 次。

购买指南

只有一些大型的花卉批发交易市场上才能见到她的身影，而且价格比较贵，每 25 克约 80 元，多为国外进口。而在选购时，多悬挂于塑料网格上，植株较为茂密，检查植株表面是否呈褐色或叶腋有腐烂迹象并有白色黏附物的，应另行挑选。

白花紫露草

中文名：白花紫露草
别　名：淡竹叶、水竹草
科　属：鸭跖草科紫露草属

白花紫露草是既能匍匐于地面生长，又能垂吊于盆器中生长的多年生草本植物。在盛夏高温季节，裸露的土地上铺面栽培，不仅能有效地降低建筑物周围的温度，节约能源，还能滞留可吸入的颗粒物，是天然的“空气滤清器”。

原产地

原产于北美洲、南美洲、非洲南部，但以南美热带分布居多，少数生于亚热带，约有20余种。

形态特征

通常，茎呈蔓性，并向周围蔓延，缠绕于周围的物体。茎叶柔软且稍肉质、多汁，有明显的节和节间，而在节间处常生有1～2厘米长的气生根，翠绿色的叶面长4～6厘米，宽2～2.5厘米，在阳光下精钢锃亮，呈卵状披针形，抱茎而生，小花白色。

栽培种类

此外，还有不少园艺栽培种，叶面有绿色与乳白色，两种不同色彩相衬，呈半透明状的斑叶紫露草，学名*Tradescantia fluminensis*‘Variegata’；观赏价值较高，叶色优美的三色紫露草，学名*Tradescantia fluminensis*‘Tricolor’，特征为叶形较白花紫露草小，叶面绿白相间，肉质茎和叶背均为紫红色，盆栽垂挂于几案上，定是光彩动人。还有学名为*Tradescantia albiflora*‘Albovittata’的银线紫露草，其叶脉平行分布着银白色纵向条纹；以及原产中南美洲的危地马拉、伯利兹、墨西哥等国的白雪姬，学名*Tradescantia sillamontana*，为多年生肉质草本植物，植株丛生，茎直立或稍匍匐。最吸引人的是整株被有浓密白色长毛，十分可爱动人。不管是哪个品种，生长都很强健，且管理较为简单。对刚入门的花卉爱好者而言是不错之选。盆栽于藤篮中，形状可以是圆锥形、方形或矩形等，悬挂于墙上或放置在餐桌上，更贴近自然，凸显栽植的可爱。

生长习性

好生于高温、多湿的环境，但畏惧严寒，南方温暖地区，可栽植于灌木群下，能有效地抑制地面水分蒸发，是庭院地被植物的首选；寒冷地区及四季鲜明的地区适合栽植于盆器中观赏，这样入冬后也便于转入温暖避风之处，安全越冬。大多数品种均喜欢生长在半日照的环境中，而一些绿叶品种，即使在人工照明的环境下也能生长。

栽培管理

生长适宜温度为 20 ~ 28℃。越冬温度在 5 ~ 8℃之间，能保持植株常绿。在温度较低的情况下，栽培介质更不宜过湿，否则很容易造成根系腐烂。翌年春季，也不要过早将盆株移出室内，应待 4 月中旬后，气温逐渐回升至 12 ~ 15℃。

白花紫露草对光照要求不高，绿叶品种较耐阴，盆栽整年都可以放置在光线明亮或只有人工照明的地方，但对于一些叶面具彩纹的，如三色紫露草、银线紫露草、斑叶紫露草等，在日照较为柔和的窗台或室外自然光充足的环境生长则更佳，每天至少保持 4 ~ 5 小时的日照，不但能使条纹清晰，叶色鲜艳，不容易褪为全绿色，而且植株节间较短，株型紧凑。但在盛夏 6 月上旬至 9 月下旬，正午时分的日照强度大，容易叶尖枯黄。可将花盆移置半荫蔽的环境，遮光养护。

生长期，盆栽介质保持较湿润些为好，盛夏气温高，空气相对湿度较低的情况下，多向植株及周围环境喷水，降低气温，增加湿润度，但不要在阳光直射下，对植株进行喷雾，水珠长时间停留在叶面上，会使叶面呈枯焦状。入冬后，温度逐渐下降，应少浇水为宜。但也要避免完全缺水的状态，多留意介质色泽和植株形态的变化，若是介质色泽呈灰白色或是枝叶低头下垂，就暗示着赶快补充水分。

生长周期，每隔 15 天施放 1 次腐熟的稀薄有机肥液或用氮、磷、钾均衡的复合肥，但肥量不宜多，也不可施生

肥，否则容易造成肥害。冬季可不用考虑施肥。需特别注意的是，对一些茎叶被有长毛的园艺品种，在施肥时，要格外小心，防止肥液沾污表面，引起腐烂。

修 剪

由于植株生长较快，栽培中要经常修剪整形，及时将节间过长的茎蔓短截，萌发更多的侧枝，摘除基部发黄、枯萎的老叶，以保持株形的整洁美观。

栽培介质

要求疏松肥沃，具有良好排水透气性，且富含有机质较多的腐殖土中生长，盆栽可用腐叶土 2 份、园土 1 份、珍珠岩 1 份混合成的培养土栽种，并加入少量骨粉作基肥，效果更佳。若是庭院栽培，在土壤中混入一些松鳞，对改善土壤的疏松及排水性可起到一定的效果。

换 盆

在春季 4 月回暖后，盆栽 1 ～ 2 年后，就需要更换大一号盆器，并且更换掉原先的栽培介质约 1/3，补充新介质。

繁殖培育

繁殖多用扦插或分株法。扦插方法，选择气温和暖、雨量充沛的 4 ～ 6 月扦插，生根快，成活率很高。剪取带有 3 ～ 4 个节间，长 10 ～ 15 厘米没有病虫害的枝条，并摘除倒数 1 ～

2节处的叶片。斜插于保湿、透气性较佳的介质中，深度为枝条的1/2，枝条上喷水，经常保持一层水膜。在20～25℃的环境下，经20天即可生根。分株的具体操作方法是把生长密集的植株从盆中倒出后，抖去表面及植株底部的介质，这样容易将其分割成若干株，然后栽种于新盆器内，进行遮阴并加强通风，缓苗1个月后，再转入正常养护。

花友心情

爱美是人的天赋。鲜花是美的化身。栽培花卉不仅能美化环境，而且能给人以美的享受。刚买回来的花草很精神，但一、两年后就开始停止生长。出现茎叶变小发黄，不再继续抽芽展叶，抗性也减弱，易染红蜘蛛、白粉虱等虫害。若将家中的常用药阿司匹林，用500-1 000毫升的水稀释后，浇灌在土壤里，每半月1次，即可恢复蓬勃生机。阿司匹林的作用是软化血管，而用在植物上，亦能调节植物体内的生理机能。

吊竹梅

中文名：吊竹梅
别　名：甲由草、吊竹兰
科　属：鸭跖草科吊竹草属

原产地

叶片紫绿色，边缘镶嵌银白色条纹，叶背紫红色的吊竹梅，又名吊竹草，属于畏寒性多年生常绿草本植物，原产于中美洲热带地区，墨西哥分布居多。

形态特征

茎蔓生或呈匍匐状，茎叶呈肉质，细弱，多分枝，节上有生根。叶互生，无柄，长圆形，叶端尖，全缘，长 5 ~ 7 厘米，宽 3 ~ 4 厘米。花期夏秋季，花为淡紫红色。

栽培种类

其代表品种有叶面暗绿色，具红色、粉红色及白色的条纹，叶背紫色，四色吊竹梅（*Zebrina pendula* ‘Quadricolor’）；以及叶细小，植株比原种矮小的小吊竹梅（*Zebrina pendula* ‘Minima’）；还有原产墨西哥的紫吊竹梅（*Zebrina purpusii*），叶形及花与吊竹梅基本相同，但株形略大，也称为“大吊竹梅”，叶子基部多毛，叶面为深绿色和红葡萄酒色，没有白色条纹。

吊竹梅植株小巧玲珑，是居家装饰不可缺少的优良观叶植物，适合于点缀客厅、阳台、卧室等处，可以滞留室内的灰尘，保持清新的空气，还能吸收甲醛，净化空气，使人居住在这样的环境下，颇感清爽。也适合栽植在吊盆内，使其自然下垂，形成绿帘，布置在书架、橱顶等高处，观赏效果极佳。又因栽培容易、繁殖成活率高，成为广受欢迎的观叶植物，尤其适合刚入门的花卉爱好者栽培。

生长习性

吊竹梅耐高温多湿的环境，耐阴，畏惧烈日直晒，所以夏季管理上需特别注意。4 ~ 10 月份生长适宜期需要充足的水分和养分补充。同时对干燥的空气十分敏感，北方地区如果湿度低于 40%，植株的叶尖就容易产生焦枯、枯黄等现象。若置于过于荫蔽的环境下生长，则叶面条纹将会褪色，时间过久，叶色将全部变为绿色，出现返祖现象。

栽培管理

生长适宜温度为20～28℃。如果气温达到35℃以上，这时呼吸作用高于同化作用，生长明显会受到抑制，停止生长。温度约5℃时就要注意防寒，若有冰点出现，需移入室内越冬，因为在极端温度下很容易使叶面出现黑斑、腐烂，严重受冻。

日照不足时，叶色会出现暗淡无光泽，且质薄，茎节细长、瘦弱，很少开花或不开花，影响美观，所以4月上旬至5月下旬和10月至翌年3月必须放在日照充足、通风良好的环境下管理。而6月上旬至9月下旬，只能接受上午10时前和下午16时后的日照，其余时间需移置半阴环境，以免造成叶烧病，故必须多加防范。

4～10月份介质表面干燥时充分浇水，保持介质湿润，盛夏高温，空气干燥应多向叶面喷水或在盆株附近放置水盘，效果也不错。冬季温度过低，植株生长缓慢，进入冬眠状态。因此，要减少浇水次数，控制浇水量，仅维持介质湿润即可。若要对叶面喷水，水温必须与室温相同，否则叶面会出现黑斑。

生长期每隔15天追肥1～2次，施加稀释1 000～2 000倍的尿素和磷酸二氢钾混合而成的水溶液。而6月上旬至9月下旬，正是盛夏酷暑，以不施肥为好。另外，需值得一提的是，可以将修剪下的枝蔓、茎叶经剪碎处理后，回归土壤，通过腐殖化的过程，养分可重新得以补充。

修　剪

春、夏两季在生长过程中，须及时摘除基部已经老化、变黄的枝叶，这是植物正常的生理代谢现象。为保持枝叶丰满，当茎节长到 15 ~ 20 厘米，进行一次摘心修剪，以促使株形紧凑茂盛，生长更多的分枝，反复修整植株，并且经常转动盆株，生长均匀，形成一个花球，娇艳欲滴。

栽培介质

因其粗放对土壤要求也不严，一般壤土也能生长，但排水需良好，否则会因积水造成根系缺氧、腐烂而死。盆栽土质以 60% 泥炭，10% 蛭石及 30% 珍珠岩混合而成或是用腐殖质较丰富的壤土也可以。

换　盆

在枝叶尚未萌发的 3 月下旬至 4 月初，盆栽 2 ~ 3 年后，必须更换一次栽培介质，迅速补充养分和土壤中必要的微量元素。并剪去枯萎、腐烂的根系，对植株进行一次整修，这样后期的生长会更好。

繁殖培育

常用扦插繁殖，分土插法和水插法两种。土插法，除 6 月下旬至 7 月上旬的高温酷热以及冬季，植株处于夏眠和冬眠状态不宜进行外，其他时间都可以进行扦插，但以 5 月上旬至 6 月上旬最好。可用瓦盆作为扦插容器，因为与其他盆器相比，瓦盆水分散失快，可以避免插穗切口腐烂，所以作为扦插容器再合适不过了。剪取 8 ~ 10 厘米长的主茎或摘心后健壮枝条作为插穗，并带有 3 ~ 4 个芽眼，摘除基叶，保留顶端两片，待切口稍干后插入湿润的介质中，放荫蔽通风的环境下管理，每天上午10时前和下午16时后，向叶片喷雾3～4次，保持栽培介质湿润，20～30天即可生根。待长出新枝后，逐步移入有阳光处栽培。如果繁殖数量不多，可用水插法进行繁殖，准备一个一次性塑料杯子，取健壮枝条10～15厘米，切口离腋芽处0.5厘米，剪成平口形，在一次性塑料杯子杯口，覆盖一层塑料薄膜，也可以用保鲜膜替代，将橡皮筋与四周扣上，然后枝条直接插入清水中，水中留有1～2个芽眼即可。将容器置于有斑驳的光照下，待芽眼处长出1～5厘米长，白白嫩嫩的根系后，就可移入盆内。

病虫害防治

常有介壳虫为害，一般在环境闷热不通风的情况下，繁衍较快。多成群栖在茎干、叶背面，造成叶面发黄、茎干枯萎，引起大量落叶，从而降低观赏效果。可用40%速扑杀1 500倍液喷洒，喷洒时要注意叶正反面，茎干交叉处。

小贴士

属名*Zebrina*源自希腊语，意为“斑马”，指的就是叶面具有美丽多样化的斑纹。

吊　兰

中文名：吊　兰
别　名：兰　草、折鹤兰
科　属：百合科吊兰属

吊兰以枝叶青翠，柔细美丽，终年常绿，而被人们称为“绿色仙子”。因其叶形如兰，常悬吊于高处，使垂枝荡漾，更有绝妙的飘逸效果，所以又称其为“空中花卉”。为多年生宿根常绿草本植物。

原产地

吊兰又名钓兰、挂兰，是相当常见的垂挂式观叶植物，原产于南美洲西部，气候干湿分明的森林底层。现我国已广泛栽培。

形态特征

吊兰，具簇生的圆柱形肉质须根和短根状茎。叶丛生，狭长柔软条形，全缘，顶端渐尖，长 20 ~ 40 厘米，宽 1 ~ 2 厘米；基部抱茎，成熟的植株随着生长，会不断从叶丛中抽出走茎形成花梗，细长弯曲，状似蜘蛛的脚，在欧美国家又常被称为 Spider plant，译为“蜘蛛草”。花白色，数朵一簇，花后形成匍匐茎，长 30 ~ 60 厘米，先端会长出有气生根的小植株。总状花序，单一或分枝；花数朵一簇，散生在花梗旁。花小，白色，花序上部有

时会生出2～8厘米的条形叶丛。花期一般在春、夏两季，冬季室内温度高也可开花。果实成蒴果三棱状扁球形，种子扁平或碟状。果期8月。

栽培种类

本属的植物约有200多个品种，除了纯绿叶品种之外，还有许多园艺品种，也具有很高的观赏性，最常见的要数金心吊兰（*Chlorophytum capense* 'Medio-pictum'）叶缘两侧为绿色，叶面中心具有黄白色纵条纹；叶为翠绿色，两侧叶缘黄白色的金边吊兰（*Chlorophytum comosum* 'Marginatum'）；叶色青绿较淡，边缘呈银白色的银边吊兰（*Chlorophytum comosum* 'Variegatum'）；以阔叶为基本特征，株型较大的阔叶吊兰（*Chlorophytum comosum* 'Picturatum'）；还有同属的白纹草（*Chlorophytum bichetii*），与银边吊兰常在外形上令人混淆不清，只要细心察看还是能分辨的。通常白纹草的叶片较薄，叶缘两侧夹杂着白色条纹，具有纺锤形的块茎，而且不会像吊兰一样抽出走茎。

生长习性

性喜高温、多湿、半阴的环境，忌强光直射，较耐旱。但由于耐寒性不佳，淮河以北和长江入海口南岸地区多以盆栽较容易管理。在气温降至0℃以下有冰点时，切不可懈怠，需特别留意。而要培育出株型紧凑而强壮的植株，最重要的就是生长期充分接受日照，并种植在以饼肥作为基肥的微酸性腐殖土中，且盆底需用碎瓦砾作滤水层，垫高2～3厘米厚，保证每次浇水后，排水流畅。

栽培管理

生长适宜温度为 20 ～ 30℃。不过，对冬天的温度适应性较差，注意不要让吊兰的过冬温度低于 5℃，最好是能放在室内或能避风的阳台内。

无论是绿叶品种还是花叶品种，都需种植在阳光充足的地方，这样叶色才会浓绿而有光泽。即使是摆放在室内，也要选择有微弱自然光的环境，当然能够靠近朝东、南向的窗台边更好。

春至秋三季为生长旺盛期，若叶尖出现干焦现象，即警示土壤水分蒸发过多，已表明需要迅速补充大量水分，以保持土壤的湿润度，供其生长。特别是在有空调或提供地暖的客厅、卧室等，不仅要保持土壤有充足的水分，还需要定期向叶面喷水保湿。

微量的肥料就可以让吊兰长的很好，生长盛季，每月施入以氮为主的液态肥 1 ～ 2 次，就可生长茂绿，并从叶丛中不断抽出走茎和小吊兰。对于花叶品种，若出现返祖现象，不断长出全绿叶片来，需值得注意，只要将其摘除，并补充以磷为主的液态肥即可转变，平日要少施氮肥。

小贴士

只要在繁忙的生活中为她挤出一点时间，给她一份眷顾，她便旋即还你一片盎然的绿意，使你心旷神怡。不仅具有室内装饰效果，而且还有净化空气的作用，能将空气中所含的甲醛、苯乙烯、二氧化碳以及烟雾中的尼古丁等有害物质，转化为氨基酸、糖等天然物质。

除此以外，其叶和根均可入药，故有益健康养生。性寒味甘微苦，有止咳化痰，清热解毒，止咳止血，活血化淤之功效。因此，适宜于肺热咳嗽、疔疮肿毒以及烧伤、骨折等病症。

栽培介质

不择土壤，即使土壤偏碱也能生长，但以肥沃、疏松和排水良好的腐叶土或微酸性土壤中生长则更佳，盆栽可用腐叶土加少量基肥混合使用。

换　盆

由于吊兰生长较快，经多年栽培，盆内过于拥挤，一般可于早春 3 ～ 4 月份，对植株进行翻盆换土，北方寒冷地区可在 4 月下旬或在有暖气供应的室内进行。在翻盆的同时，要剪除枯黄的茎叶，对叶片干尖也要及时清理。在修剪时，可将叶尖剪成尖三角或沿对角斜剪，而不要平剪，可保持株型完美。并除去 1/3 的陈土，换上新的介质，栽入植株。幼苗每 2 ～ 3 年更换 1 次，成龄苗每年换 1 次。

繁殖培育

一般以分株或剪去走茎上的小吊兰进行栽植。分株法通常在春季 4 月份进行，结合翻盆换土时，一手捏住盆，一手捏住吊兰从盆中倒出，用小刀从植株根部分丛处，顺势切开，即使有部分根系断裂脱落，也无大碍，因吊兰生性强健，栽植土中

后会迅速恢复生长。剪去小吊兰繁殖方法，在南方温暖地区可全年进行，其他地区除冬季外，一般皆可操作。将枝条顶端萌发的小吊兰，从枝蔓上剪下栽植即可。在剪取小吊兰的同时，需注意若是刚萌发的幼苗，不宜剪下栽种，待日后稍有根系露出后，或是将幼苗根部置入水中，促使迅速长出根系来，待有 5 ~ 10 厘米长的根系，即可剪下栽种。

病虫害防治

常伴有叶尖枯焦的生理病害，由于环境因素及管理不善所造成。多表现为叶片变黄或叶尖枯焦、枯黑，严重时扩散至叶面的 1/2，影响其观赏。多以光线不足、盆土过干或过湿、环境空气湿度过低、施肥过多或施放生肥等因素所引起，根据栽培环境一一对照，找出其中的缘由。

花友心情

初春时节，乍暖还寒。一不留神，吊兰已变得叶黄枝枯，看来难以回天，尽管心疼，但也只能将其搁置角落。气温渐暖，无意中却发现已经枯黄的叶子居然又透出了一丝隐隐约约的绿意，直至渐渐地露出了新芽。从一叶草木被春寒暗霜所摧残，但不甘生命的终结，倔强求生的现象中，令我感慨颇深：即使面对障碍、身陷困境，也千万不要轻言放弃。

观花观叶植物

GUANHUAGUANYEZHIWU

紫叶酢浆草

中文名：紫叶酢浆草
别　名：三角叶酢浆草
科　属：酢浆草科酢浆草属

纤叶常为3枚，偶有4枚者人称“幸运草”，在花世界的语言中谓之“幸福”。相传由夏娃自天国伊甸园携来大地，每叶均有特殊含义，分为“信仰”、“希望”与“爱情”，而第4枚叶则叫“幸运”。凡不言弃者，方能一睹幸运草之芳容，由此获得幸运。

原产地

紫叶酢浆草又名堇花酢浆草，为酢浆草属多年生宿根草本植物，原产非洲南部。

形态特征

株高15～30厘米，地下部分生长有肉质小鳞茎。叶丛生，具长柄，为掌状复叶，每片复叶均由3枚小叶组成，小叶倒三角形，叶大而色泽为紫红色，花葶高出叶面5～10厘米。部分原产南美洲的品种，中央还有深色或浅色斑纹，远看仿佛数万只斑斓的蝴蝶在微风中翩翩起舞，闪闪发亮。因此，又被称为紫蝴蝶。还有一个特别之处，小叶具有感夜性，在光线变暗时像快要熟睡了似的，自动闭合后下垂，当光线明亮时，又会舒展张开。花为聚伞形花序，5～8朵聚生于花茎顶端，小花淡粉色，花瓣5枚，覆瓦状排列。通常在晴空万里的白天绽放，夜晚则闭合，若遇阴雨天，则呈含苞欲放的状态。花后果实呈蒴果，成熟后自动开裂。

花期长，从春季4月，直到秋季11月。栽植于庭院灌木群下或点缀假山旁，可长时间欣赏到美丽娇小的花朵。

栽培种类

同属的有原产美洲热带的紫花酢浆草（*Oxalis corymbosa*），又名铜锤草、多花酢浆草。其特征为多年生直立无茎草本。叶丛生，小叶3枚，宽倒卵形。花淡紫色。另外，叶自基部丛生，小叶3枚，圆形倒心脏形，花色深桃红色，常作园艺栽培的大花酢浆草（*Oxalis bowieana*）。还有花开白色或淡黄色的山酢浆草（*Oxalis griffithii*），主要分布于我国长江流域以南地区。以及很适合于庭院栽培的白花酢浆草（*Oxalis acetosella*），主要分布于南美和南非。

生长习性

紫叶酢浆草性喜温暖、湿润和半阴的环境。较耐干旱且较耐寒，不仅适合露地栽培而且还适合于盆栽观赏，管理粗放，很少有病害为害。因此，很适合刚刚入门的花卉爱好者，能很容易管理好。

栽培管理

生长适宜温度为 15 ～ 30℃。夏季气温超过 35℃，叶边缘就会出现枯焦，向上翻卷。所以，庭院栽培应早、晚各一次对植株进行喷雾，时间以清晨日出前，傍晚以日落后为宜。盆栽可在栽培环境周围洒水，由于空气湿度增加了，周围环境小气候温度也就相对降低了。冬季气温下降到 − 5℃ ～ − 10℃时，庭院栽培可通过覆盖松树皮或松针、枯叶等覆盖物，增加对地下鳞茎的保温防寒。而地上部分的茎叶会逐渐枯萎，待翌年春季，会重新萌发新叶。盆栽可放置在封闭式阳台内，这样能保持茎叶常青，叶片不易受寒害枯萎。

虽然能在半阴的环境下生长，但长期日照不足，过于荫蔽，会出现生长不佳的情况，具体表现在叶柄加长，叶色黯淡无光泽，少开花或不开花。盆栽于春、秋、冬三季都可置于阳光充足处，此时的日照强度较为柔和，不会对株苗造成伤害，反而会利于生长，开花不断。夏季，日照强度大，可放置在朝东的窗台附近，接受早上 3 ～ 4 小时的日照。

紫叶酢浆草，好生于湿润的环境，需要人为创造一个与原生

境相仿的环境。春、秋两季生长旺盛季节，都要保持盆土湿润，勿让水分缺乏。盆土表面发白且茎叶下垂，植株出现临时萎蔫现象，就需要迅速补充水分，直到有多余水分从盆底排出。若是土壤出现板结，浇水后无法下渗，可将盆株直接浸于水中，水位低于盆面 5 ~ 10 厘米，利用虹吸原理，将水从盆底吸入，待盆土表面湿润后，即可将盆取出。有一点需要注意的是，使用“浸盆法”时间不宜超过 20 分钟，否则会出现根系缺氧，而导致最后死亡。炎热的夏季，气温高于 35℃，此时呼吸作用高于同化作用，植株生长缓慢，被迫处于半休眠状态，盆栽则不宜浇水过多，保持稍润的状态，以接触栽培基质不粘手但有润的感觉为宜。可适当提高空气湿度。冬季气温下降，盆栽尤为注意，植株停止生长，进入休眠期，控制浇水，鳞茎可仍置于盆内过冬，不可过分潮湿，以防止鳞茎腐烂。

性喜好肥，春、秋生长季节，每月追肥 1 ~ 2 次，最好以腐熟充分发酵后的有机肥液为佳，多施化学肥料易使盆土板结。夏、冬两季植株处于休眠状态，应停止施肥。

换 盆

由于生长速度较快，地下母鳞茎周围会生出很多小鳞茎，盆栽最好每年换一次土，将小鳞茎分离出来另行栽植。时间以春季 4 ~ 5 月或秋季 9 月较为合适。

栽培介质

生性强健，不择土壤，盆栽用2份园土、1份腐殖土、1份蛭石调制后的培养土则更佳，另外，可在滤水层上铺盖一层干鸽粪，日后的茎叶生长则更旺盛。因怕积水，滤水层可用陶粒或兰石垫底，可防止水渗不畅。日常管理，还需要经常对土壤进行松土，改善土壤通气状况，增加土壤含氧量，促进根系对矿质离子的主动吸收，也能加速根系生长。

繁殖培育

家庭盆栽多用分株法进行繁殖。利用鳞茎萌发力强的生物学特性，时间在春、秋两季气温凉爽时进行，较为理想。从盆中直接脱出，除去一部分包裹在鳞茎附近的土壤，用手指轻轻掰开鳞茎，按4～6株为一丛，栽于直径为15厘米的盆器内。栽植时可摘除部分茎叶，成活会更容易些。栽种后须置于半阴、通风的环境下养护1～2周，待服盆过后，可按正常管理，但不要急于施肥。

病虫害防治

长江入海口南岸地区，在进入梅雨季节多雨潮湿的气候，需时常注意茎叶周围滋生的蜗牛或其他啃食嫩叶的螺钉类生物。最笨的方法就是动手清除，只是蜗牛喜欢在黄昏夜晚时才出来活动，最好的方法是用呋喃丹撒于土壤中。因毒性较大，皮肤有过敏者，在使用时需注意。还需防治叶斑病的为害，发病时，可用50%甲基托布津溶液1 000倍液喷洒。

购买指南

可以在一些花卉批发市场上买到以营养钵栽植的株苗，选择茎叶无折断、叶缘无褐斑的健康植株。选购时间最好在春、夏、秋三季，更适宜后期管理，但选择夏季栽植，需注意由于气温较高，水分蒸腾快，必须加盖遮阳网，遮挡70%～80%的日光，并时常对植株进行喷水，减少蒸腾，利于根系生长，提高成活率。因此，选择春、秋两季栽植会比较容易成活。

花友心情

很多人疯狂地收集各类品种，家中的阳台几乎成了展览温室。其实很多花草也只是一个过客，你没有那么多的时间和精力去顾及每一盆花，就拿浇水而言，夏季是盆花需水最高的一个季节，种70～80盆花，仅浇水就要花上2～3个小时。所以不要盲目地追求花市流行什么就种什么，因地适宜地选择才是最佳的。

银脉爵床

中文名：银脉爵床
别　名：白叶单药花
科　属：爵床科银脉爵床属

原产地

银脉爵床是叶花俱美的室内盆栽观赏植物，又名花脉爵床。为爵床科银脉爵床属植物，产于台湾台东地区，是台湾特有的单种属。而爵床科（*Acanthaceae*），全世界约有250属，3 450种。分布较广，主要分布于非洲、南美巴西和中美洲，此外，还分布至地中海、北美、大洋洲等。是一个主要分布于热带地区的大科。我国有68属，311种。多产长江以南各省区，以云南种类最多，仅少数种类分布至长江流域。还有不少种类有着特别的用途。民间常用作天然染料的板蓝（*Baphicacanthus cusia*），茎、叶有清热解毒功效的穿心莲（*Andrographis paniculata*）、九头狮子草（*Peristrophe japonica*）等。

形态特征

属于直立草本，通常下部节间生根，株高25～50厘米，顶端钝尖且基部宽楔形的卵圆形叶片，长15～20厘米，对生于枝条上，似峰峦般郁郁葱葱的叶脉在温柔阳光地轻吻下尽显闪耀的银白本色，斑斑可见，像某种与生俱来的胎记凸显出她的与众不同。春季，穗状花序着生于枝顶叶腋间，呈金字塔形，由下向上依次开放，苞片覆瓦状排列。

生长习性

性喜高温、湿润的气候条件，喜光照良好，但最忌强光直接照射。耐寒力差，北方寒冷地区银脉爵床只能作为盆栽观赏，过冬时还需移入室内管理。温暖地区除了作盆栽之外，亦可作为庭院美化。

栽培管理

生长适宜温度为 20 ～ 28℃。过高或过低的温度都会对植株生长不利，在持续高温的夏季，气温上升至 35℃，营养生长就会受到影响，停止生长，而且叶片还会向外卷曲。若气温低于 10℃时，在潮湿的环境下叶片很容易受损脱落，有碍观赏，甚至整株死亡。冬季养护时需注意防冻保暖，所以寒冷地区盆栽宜在 10 月下旬就移入室内向阳处越冬，夜间最好能维持在 12℃。

对光照要求较严，在强烈的日照下或弱光的室内均会对营养生长不利，还会影响开花。因此，养护时春、秋、冬三季宜放置在阳光充足处，能使茎节短，叶片宽，银白色网脉更明显，并且还能促使生殖生长，盛开金黄色小花。长期在人工照明下，缺乏自然光照射，叶片小，叶色泛黄无光泽，银白色斑纹也会逐渐褪去，生长又细又高，容易徒长，影响观赏。夏季宜放置在遮阳网下或朝东窗台边，尤其是新叶刚抽生时，要注意适当遮阴，以免强光照射，引起干尖变黄。

夏季高温干燥季节，栽培介质要随时保持湿润。水量过少，枝叶会发育不良，生长受到抑制，也会造成落叶。水量过多，则可能导致根系腐烂。浇水时间以早晚为宜，一般在清晨 7 ～ 8 时，傍晚 19 ～ 20 时进行。夏季中午盆土温度高达 40℃，浇水会产生大量热气，对根系的生长极其不利。春、秋两季，待枝叶稍下垂，

发现盆土干燥时，表面可见白茬就可浇水，平日需多观察天气变化、摆放的位置、植株大小等综合因素考虑，切忌不可以天数来计算。冬季室温能维持 15℃以上，盆土可持续保持湿润，但温度低，则较干燥为好。

5～9月是生长旺盛期，生长量较大，一般每隔 10～15 天施一次液态肥，以促进茎叶生长，肥料可用化学肥料或有机肥液，而在使用有机肥时，至少需经过1年以上的发酵腐熟，才可使用，避免生肥分解时产生大量热量而引起“烧苗”。在施肥时应掌握“薄肥勤施”的原则。转入生殖期后，要少施氮肥，以磷、钾肥为主，以防植株徒长，影响开花。10 月至翌年 4 月，气温较低，可停止施肥。

栽培介质

盆土宜使用疏松、肥沃且排水良好的微酸性壤土。忌用排水不良的黏质土壤，否则会时常引起盆土积水，根系缺氧而腐烂，甚至死亡。盆栽可用园土 6 份、腐叶土 3 份、珍珠岩 1 份混合使用，再拌入少量的过磷酸钙与骨粉作基肥。

换 盆

栽培 2～3 年后，需要翻盆换土，时间最好在 5 月上旬，气温较为稳定，温度逐渐上升，枝叶开始萌动前进行。换盆后若是使用 6 寸盆，可栽植 2～3 株。

繁殖培育

可用扦插繁殖，时间在春、秋两季进行。剪下 8 ～ 10 厘米枝条，至少有 3 ～ 4 个节，去掉底部叶片，切口剪成马蹄形，目的是扩大插穗的发根面积，插入介质中，深度为枝条的 1/2，有 1 ～ 2 个节入土即可。介质选用具有保湿和透气较好的扦插介质，可用泥炭土和珍珠岩混合后使用。扦插完后保持一定的湿度，使枝条与介质完全相结合于一体。日后管理中，每天往叶面、茎部和周围环境喷雾，以提高空气相对湿度，保持在 70%左右，并注意遮阴，在 25℃下 20 ～ 30 天后即可生根。

花友心情

选择什么样的观叶植物来养？对于入门者可选择些喜湿的花草，即使水分颇多也不会对生长有害的，如香菇草、旱伞草、白花紫露草等。待积累了一定经验后，可选择些易栽易管理的花卉，如虎耳草、紫叶酢浆草、绿萝、吊兰等。总之，初学者由于没有经验，一开始就选择较难打理的高级花卉，如圣诞红、山菜豆、黛粉叶和果子蔓等，比较容易养死，很容易打击积极性。

果子蔓

中文名：果子蔓
别　名：擎天凤梨、锦叶凤梨
科　属：凤梨科果子蔓属

花期可长达半年之久的果子蔓，是多年生附生草本植物，为凤梨科果子蔓属植物。全属到目前为止已超过150种之多，主要分布于中、南美洲的热带和亚热带地区，从巴西的东南部一直到美国南部的佛罗里达州都有。

形态特征

盆栽植株高约30厘米，冠幅可达80厘米。是凤梨科家族中的中型品种，黛绿色富有金属光泽的叶片长剑状，长约60厘米，宽5厘米，全缘而光滑，呈莲座状排列。有些品种叶面中央还有一条银白色纵纹，构成银心的线艺，对比效果非常强烈明显。春暖花开之际，花序从叶筒中央抽出，高20厘米，顶端由数片苞片密集而生，苞片颜色鲜艳多姿，有白色、鲜红色、黄色、紫红色、橙红色等，十分艳丽、多样化。而真正的花则生于苞片内，较小，多为白色或黄色。盆栽适用于窗台、阳台和客厅点缀，还可装饰小庭院和入口处。

栽培种类

一般花卉交易市场上出售的多为人工杂交的品种，已达到近 250 个，都是经多代杂交培育。具有代表性的品种有紫苋星（'Amaranth'），特征为小型品种，株高 20 厘米，叶片带状，众多紫红色苞片组成，小花白色；还有红星（'RedStar'），中型品种，叶片深绿色，密生排列的花苞片为鲜红色；以及花叶俱佳的爱丽丝（'Lady Alice'），株高 30 ～ 50 厘米，叶中央为绿色，两侧为银白色镶边，基部褐红色，花黄色，开放时成圆球状。

生长习性

果子蔓性喜高温多湿的环境，耐寒性较其他观赏凤梨类植物较差，因此，在冬季管理上需特别注意，若是条件不适宜，建议不要购买。由于观赏期长，从仲春至秋分这段时间，都必须保证有充足的水分和养分满足正常生长。另外，对湿度较为敏感，环境空气相对湿度应保持在 85%以上，较为理想。我国北方地区，气候干燥的情况下，需每天向植株喷水，但注意冬季在喷水时，水温应与室温相同，否则叶面极易出现黑色或褐色圆形斑驳，不但影响观赏，而且叶面也不会再恢复到原来的样子，随着植株的生长，最后枯黄脱落。

栽培管理

生长适宜温度为 20 ～ 30℃。冬季越冬温度则较高，需要保持在 15℃以上，当气温低于生存最低温度时，生理活动会受阻，引起生育期延迟，严重时枯萎死亡。所以，在霜降前后，就可以将盆株移入室内朝南处或封闭式阳台中，并且采取保暖措施，于夜晚套上塑料薄膜防寒。若是有暖气设备的居室则更佳，但不要直接摆放在吹风口处，此时水分蒸腾快，植株细胞容易失水，膨压下降，叶片及茎干会下垂，若没有及时补水，土壤的水势低于根系的水势，根系就无法从土壤中吸到水，会出现永久凋萎。

日照不足，植株容易徒长，叶色泛黄、黯淡缺乏光泽，甚至影响生殖生长，只长叶而不开花。所以摆放的环境，必须选择光照充足的地方，每日保持至少有 6 小时的日照，但盛夏强光下，应避开中午 10 点至下午 16 点之间的光照，选择高大的灌木群落下或朝东的窗台边，避免叶面被灼伤。

植株生长季节，栽培介质需经常保持湿润，但也不能过量浇灌，导致盆土积水出现茎腐、烂根，严重时盆株死亡。掌握不干不浇，浇则浇透的原则，最忌拦腰水，造成根系无法吸收到盆土底层的水分。还要适时给莲座状叶丛内的“水槽”灌水，保持水分充足。冬季低温下，盆土保持微潮，并将水槽内的水倒去。长江入海口南岸地区，需特别留意黄梅雨季的到来，当栽培介质积聚过多的重力水后，又无法及时靠土壤自身的渗漏排出时，就需要给栽培介质排水，将多余的重力水从介质中排出。这是因为栽培介质一旦积水，会导致植株根系的呼吸作用受阻从而无法向下延伸，严重时导致根系腐烂，出现叶子枯黄的涝黄现象。通常我们可在雨季到来前，将盆株侧放或直接搬置避雨通风处摆放，在这段季节内需多留意天气预报。另外，我国北方地区，注意在灌溉水分时，尽量使用微酸性的水较为合适，对碱性含量高的自来水，应尽可能地避免，可用雨水或用稀释后的矾肥水浇灌，矾肥水是用硫酸亚铁，俗称黑矾，加有机肥及水配制而成，配制方法为 1 000 克水，饼肥，30 ～ 50 克硫酸亚铁，按上述比例将它们一起放入容器内，发酵 1 个月取上层清液，对水 10 倍稀释后就可直接使用。

生长旺盛期，每隔 10 ～ 15 天施肥 1 次，以稀释的有机肥液灌溉则更佳，使用有机肥液，能提供多种养分，改善土壤养分的供应状况，促进土壤微生物活动，刺激植物生长发育。但要掌握“宁少勿多、薄肥勤施”的原则，切忌使用生肥，造成肥害，阻碍根系吸水，甚至还会导致根细胞水分外流，出现整株死亡。

小贴士

属名（*Guzmania*）在其他地区又被称为星花凤梨属和擎天凤梨属，是为纪念 18 世纪西班牙博物学家 Anastasio Guzman 而命名的，也是他第一次将果子蔓属的植物由南美安第斯山雨林地区引种到欧洲国家，直到 20 世纪 60 年代以后，荷兰、比利时等国家的园艺师通过杂交育种和改良，才成为目前国际花卉市场十分流行的盆栽花卉之一。

栽培介质

选用疏松、排水良好和含腐殖质丰富的偏酸性介质为好。盆栽可用 1 份泥炭土、1 份珍珠岩和 2 份树蕨根混合后配制而成。

繁殖培育

家庭繁殖，只适宜使用分株法。待花序逐渐变色枯萎后，莲座状叶丛的周围会长出 2 ~ 3 个吸芽。待吸芽根系发育完全，生长约有母株 1/3 高时，就可切离母株，并在切口处涂上草木灰，以防止切口感染。重新栽植于新盆内。方法较为简便，而且分株后植株恢复得也快，生长周期短。

重力水：重力水是指水分饱和的土壤中，由于重力的作用，能自上而下渗漏出来的水。

莺歌凤梨

中文名：莺歌凤梨
别　名：岐花莺歌凤犁、珊瑚花凤犁
科　属：凤梨科莺歌凤梨属

原产地

莺歌凤梨属约有200多个原生种，均原产于中、南美洲的热带和亚热带地区，以亚马孙河流域为分布中心。为多年生常绿草本植物。

小贴士

属名（*Vriesea*）是为纪念荷兰植物学家韦利斯氏（W.H.de Vriese）在教授植物学方面的杰出贡献而创立的。

形态特征

在园艺上主要栽培的学名为 *Vriesea carinata* 的莺歌凤梨，是观赏凤梨家族中的小型种类，原产巴西，附生于热带雨林的大树上。

植株高 10 ～ 15 厘米，呈莲座状，约有 13 片叶组成。鲜绿色的叶片约 20 厘米长，2 厘米宽，质较柔软而富有光泽，叶片带状且边缘无锯齿，顶部稍向下垂。红黄相间的穗状花序自叶丛中抽出，2 列扁平苞片整齐的排列仿佛莺歌鸟的冠毛，犹如美丽的朝霞。冬末初春，色泽金黄色的小花，会从花苞片外探出一个个小脑袋，好奇地张望着这个美丽的世界。花后果实成蒴果状。由于观赏期较长，十分适合在室内环境下摆放，叶色及花色多以暖色调为主，可以装饰在冷色调的环境下，具有强烈的对比性，丰富了冷冷清清的室内。

栽培种类

不少莺歌凤梨的变种也深受人们喜爱，有斑叶莺歌凤梨（*Vriesea carinata* ‘Variegata’），绿色的叶中央镶嵌着金黄色的斑纹和花序有 5 ～ 6 个分枝小穗的多穗莺歌凤梨（*Vriesea carinata* ‘Multistachys’）。同属的另外一个观赏品种，虎纹莺歌凤梨（*Vriesea hieroglyphica*），原产巴西东部地区，生于山区开阔的湿地。具有极佳的观叶效果，后经人工引种驯化后，植株高 35 ～ 50 厘米，莲座状叶丛由 12 ～ 15 片叶组成，墨绿色的叶中夹有等分排列的浅绿色斑驳。

生长习性

莺歌凤梨好生于高温多湿、半阴的环境，是典型的热带植物。在四季鲜明的地区，如上海、杭州、南京等地秋、冬气温变化较大，不能置于室外露天栽培。

栽培管理

生长适宜温度应在 20 ～ 30℃。冬季越冬较为合适的温度应保持在 15℃，早上可选择放置在朝南的窗台边，较为暖和，晚上则应远离窗台边，以免受冷风吹袭遭寒害，选择卧室或客厅，利于安全越冬。而接近生存最低温度 10℃时，生长延缓，甚至完全停止生长，若是遇零下低温，造成冻害，使茎、叶发黑、腐烂而死。

常附生于树干上，茂密的枝叶遮挡了强烈的阳光，因此莺歌凤梨较耐阴。春、夏两季都可以摆放在每日有 3 ~ 4 小时日光照射的环境下，朝东居室则较为理想，或置于室外其他盆栽植株旁。这样不仅有利于营养生长与生殖生长相平衡，而且对于一些具有斑驳或横纹的品种来说，叶色更艳丽。但在 6 月上旬，气温逐渐升高，光照也愈加强烈，会直接灼伤叶面，出现枯焦的斑块。所以，上午 10 时后就需要遮阴，只留有 30% ~ 40% 的光照即可，直到下午 16 时再揭去。也可以选择光线柔弱、温度较低的朝北房间。10 月上旬至翌年 4 月，就无需再遮阴，可以充分接受日照，也有助于生殖生长。但是在栽培过程中，若出现莲座状叶丛上的叶片数量没有明显增加，并且叶薄、色泽泛黄，那是由于长期置于荫蔽的环境下生长，没有光线，无法进行正常的光合作用，导致叶绿素缺少。

晚春至秋分这段时间，是莺歌凤梨的营养生长和生殖生长期，栽培介质湿润会有利于茎、叶生长及开花，但又不能积水受涝，否则易产生烂根，严重时植株死亡。因此，盆株的浇水就起到了决定性作用，除了根据每日的气候变化外，还需通过栽培介质的保水性，来判断浇水的频率。如以白水苔作为栽培介质，用手触湿润度来判断，感觉干燥就表示需要浇水；而用泥炭土栽培的话，每次浇灌水分后，盆株重量会明显变重，但缺水时则会变轻，用手掂一下便可知晓。然而，在炎热的夏季，栽培环境空气湿度相对较低，需要向植株多喷水，若是有条件的话，也可以在周围装一个加湿器，来提高空气湿度，但这样做成本会比较高。莺歌凤梨同样也有一个可以蓄水的“小水池”，往“小水池”内加入适量的水分，可供顶芽生长。十月霜降后，到翌年清明期间，气温低，介质可稍干燥些，这样更有利于安全越冬。

营养生长和生殖生长期，可每隔 30 天根外追肥 1 次，施放腐熟的有机肥（如鸡粪、豆饼水、骨粉等）兑水后直接浇灌于根部，或使用固态复合肥，施放在盆面。入秋后，逐渐减少施放的次数，以每隔 45 天 1 次较为合适，而当气温降至 15℃时，就应停止一切形式的肥料施放。

栽培介质

培养土选择排水性好、透气的微酸性培养土栽植会较为理想。可用 85%的泥炭土、10%的珍珠岩、5%的蛭石（可选颗粒中型的）混合搅拌后配制培养土，有很高的保水能力，吸水也十分迅速，排水性也很好。

换 盆

根据莺歌凤梨的生物学特性，选择盆径 15 ～ 18 厘米的花盆即可，而且以素烧盆（俗称“泥盆”）较为理想，其透水性及透气都较其他盆器要好，缺点则是美观性较差，通过套盆的方式就能解决，这样既能满足莺歌凤梨的生长，又能起到美观的效果，可谓一举两得。

繁殖培育

较为简便且成活率高的繁殖方法，可用分株法。花序枯萎后，莲座状叶丛的周围会长出很多吸芽。通过切离吸芽来繁殖后代。但这些吸芽刚刚露出土面时，不宜马上切离，待株苗根系发育完全并且长至 20 ～ 25 厘米高时，才能进行。栽植时，先在盆底铺上约 5 厘米厚的粗砂粒，然后铺上培养土直到盆面，但需留出 2 ～ 3 厘米空隙便于今后浇水。

病虫害防治

栽培环境通风流畅，管理得当，很少会有病虫害的为害。若是时常出现叶尖呈淡灰色枯焦或新叶、老叶发黄、枯萎、腐烂等，要引起注意，多是生理病害造成的。出现干尖可在生长期经常向植株喷洒水分，“小水池”内时常补充水分。冬季可用塑料薄膜套于盆上，既能保温又能增加湿度，但要每天透气 1 次。而出现新、老叶相继腐烂，则应考虑是否是肥害、涝害、寒害所引起。

图书在版编目（CIP）数据

观叶植物秀/张盛禹编著．—北京：农村读物出版社，2009.7

ISBN 978-7-5048-5265-6

Ⅰ．观… Ⅱ．张… Ⅲ．园林植物-简介 Ⅳ．S682.36

中国版本图书馆CIP数据核字（2009）第128849号

责任编辑 李振卿
出　　版 农村读物出版社（北京市朝阳区农展馆北路2号　100125）
发　　行 新华书店北京发行所
印　　刷 北京三益印刷有限公司
开　　本 889mm×1194mm 1/32
印　　张 7.5
字　　数 110千
版　　次 2011年1月第1版　　2011年1月北京第1次印刷
印　　数 1～6000册
定　　价 36.00元